정석근 교수의
되짚어보는 수산학

수산계에 던진 질문

송영택 현대해양 발행인(수산해양정책학 박사)

2020년 2월부터 22회에 걸쳐 '현대해양'에 연재됐던 제주대 정석근 교수의 '되짚어보는 수산학'을 엮어 단행본으로 출간합니다.

정 교수를 처음 만난 것은 4년 전 가을이었습니다. 해양·수산(Ocean&Fisheries)에 대한 깊이있는 지식과 본인만의 명확한 시각을 가지고 있어 깊은 인상을 받았습니다. 언론의 사명 중 하나가 현상에 대한 분석과 비판이기에 자연과학자의 입장에서 바라보는 수산의 문제점을 한 번 짚어보자고 제안을 하여 연재를 시작하게 됐습니다. 기존 학계와 정부와는 다른 시각에서 수산업을 살펴보자는 취지에서 제목도 '되짚어보는 수산학'으로 정했습니다.

약 2년간 매달 원고를 만들어 내는 일이 보통 일이 아닐 진데 정 교수는 과학적 자료를 바탕으로 우리나라 수산정책의 문제점들을 조목조목 짚어 주었습니다. 첫 원고 '연근해 어업생산량은 왜 줄었을까?'를 시작으로 근거 없는 금어기 지정, 명태가 사라진 이유 등 정 교수 본인만의 색다른 시각에서 수산 현안을 분석했습니다. 또 정부의 수산자원조성사업과 감척사업에 대해서도 비판을 가했습니다. 어민을 죄인으로 모는 남획 남용, 선진국 흉내 내는 TAC, 거꾸로 가는 혼획 규제 등 해양수산부가 놓치고 있는 수산정책을 가감 없이 지적했습니다.

연재 초기 정·관·학계 등 주류 수산계에서 직·간접적으로 현대해양에 연락을 취해 정 교수가 편협된 시각에서 글을 쓰고 있어 수산계에 악영향을 줄 수 있다고 문제를 제기했습니다. 어떻게 보면 압력으로 느껴질 수도 있었습니다. 그러나 저희 '현대해양'은 과학자의 논리적 물음에는 과학으로 답하면 된다는 기조를 유지하며 반론을 하고 싶다면 원고를 보내달라고 했습니다. 반론 자료는 도착하지 않았습니다. 그나마 모 수산전문기자가 정부의 수산관리정책은 과학에 기반하고 있다며 정 교수의 논리는 억지라고 주장했습니다.

연재가 계속되자 초반과는 달리 긍정적인 평가가 나오기 시작했습니다. 국책연구기관 간부급 연구원은 인상 깊게 보고 있다며 격려해주기도 했고 수산정책을 관장하는 공무원들도 일리 있는 지적도 있다며 당장 수산정책 기조를 변경하기는 어렵겠지만 향후 이런 시각도 검토해 보겠다고 의견을 주기도 했습니다. 한 수산계 원로는 수산 역사를 부정하는 거친 표현이 있어 거슬리긴 하지만 제시하는 방향은 대체로 맞다고 했습니다.

정 교수 본인이 생각하는 연재의 성과는 '잠재적 범죄자로 내몰려 심리적으로 위축되어 있던 어업인들이 자신감을 좀 가지게 된 것'이라고 자평했습니다. 해양수산부에서 매호 정교수의 글이 나올 때 마다 사실 확인(fact check)을 했다고 하니 그 과정에서 공무원들도 공부와 고민을 했을 것이기에 이 또한 성과가 아닐까 생각합니다.

이번 단행본 내용에 대해 수산학자들이 학문적으로 활발히 연구·논의하고 그 논의의 결과가 수산정책으로 반영되는 성과가 있었으면 좋겠습니다.

추천사

'선한 사마리아인' 정 교수께 박수를 보낸다

김임권 전 수협중앙회장㈜혜승수산 대표

추천사를 써달라는 요청을 받고 단숨에 읽고, 또 읽으며, '아! 수산업계에도 이웃이 있었구나'라는 탄식과 함께 위로를 받았다.

성경에 한 서기관이 "네 이웃을 네 몸과 같이 사랑하라!" 하신 예수님께 "누가 우리의 이웃입니까?"라는 물음을 던지자 예수님이 "예루살렘에서 여리고로 가는 도상에 어떤 사람이 강도를 만나 쓰러져 있는데, 제사장(Priest)도 레위 사람(Levite)도 그냥 지나쳤다. 그런데 어떤 사마리아인이 지나가다 그 사람을 발견하고 불쌍히 여기어 상처를 치료해 주었다. 그럼 그 강도를 만난 사람의 이웃은 누구이겠느냐?"는 예수님의 질문에 서기관이 "자비를 베푼 자입니다."라고 대답하자, 예수님이 "너도 그와 같이하라." 하셨다.

작금의 수산업은 강도를 만나 여리고 도상에 쓰러져 있는 환자와 같다. 마땅히 돌보아야 할 해양수산부도 수협도 그냥 지나쳤는데, 그냥 스쳐 지나갈 수도 있었던 선한 사마리아인과 같은 정석근 교수님의 보살핌을 받으면 살아날 수도 있겠다는 희망을 보았다.

수산업의 환부를 과학적으로 진단하고 처방전까지 내어놓았는데, 즉시 약을 먹이고 바르기만 하면 되는데, 그것조차도 되지 않는 안타까운 현실에 고개를 들어 하늘을 바라본다.

무엇을 얼마만큼, 어떻게, 누가 생산할 것인가를 결정하는 것을 경제학에서 경제주체라 한다. 농업은 1차산업이라는 측면에서 수산업과 같지만, 농업은 농민이 자기 땅에서 무엇을 얼마만큼 어떻게 생산할 것인가를 스스로 결정한다. 그 결과에 대해서도 당연히 경제주체인 농민이 책임을 지는 것이다. 그러나 수산업은 '바다'라는 공유지에서 행해지는 경제활동이므로 무엇을 얼마만큼 누가 어떻게 생산할 것인가를 결정하는 것을 해양수산부가 한다. 따라서 수산업의 경제주체는 어업인이 아니다. 해양수산부인 셈이다. 그 결과에 대한 책임도 정부가 져야 한다. 그러면 어업인의 위치는 어딘가? 해양수산부로부터 바다에서의 경제활동의 일부분을 위임받아 경작하는 '소작인'과 비슷한 것이 아닌가?

해수부는 바다라는 공유지를 관리한답시고 TAC(총허용어획량) 제도, 금어기, 체장 제한, 조업구역 제한, 혼획률 등 어업인들이 도무지 지킬 수 없는 온갖 규제들을 만들어 어업인들을 범법자로 만들어 놓았다. 한 가지 예를 들어보면 해수부에서 올해에는 고등어를 얼마만큼만 잡으라고 정해준다. 그 양이 왜 그렇게 되느냐고 물으면 작년에 고등어 어획량이 줄었으니 올해에는 작년의 80% 수준으로 TAC를 줄여야 자원이 회복된다고 답한다. 그래서 어업인의 입장에서는 총수입(TAC × 가격) ≧ 총비용이 되지 않는데 어떻게 해야 하느냐고 되물으면 감척하라고 한다. 감척 보상이 현실에 미치지 못하는 비용을 산정해 놓고 말이다.

전제군주도, 악덕 지주도 이렇게는 안 한다. 해수부는 어업인의 이웃이 아니라 참고 견디는 어업인들의 타도 대상이 되었다. 정권이 바뀔 때마다 해수부 해체론이 나오는 것을 깊이 성찰해 보지도 않는 것 같다. 자원관리 정책, 어선 정책, 선원 정책, 어시장 정책– 이 4가지를 잘 운영할 수 있는 제도의 정비 어느 한 가지도 어업인들을 위한 정책이 없는데 정석근 교수의 '되짚어보는 수산학'은 수산자원과 수산자원 관리에 대해 어업인 입장에서 바라본, 과학적이고 보석 같은 책이다. 만난 적도 없는 '수산업계의 선한 사마리아인' 정석근 교수께 깊은 감사와 박수를 보내며 다음의 이야기로 마무리하고자 한다.

얼마 전 내가 머무는 제주도에 지인이 왔다기에 점심 약속을 했다. 만나 무슨 일로 왔냐고 물으니 돌고래 가두리를 만들려고 왔다고 했다. 그래서 돌고래를 잡아서 관광용으로 쓸 것이냐고 물었더니 아쿠아리움에서 돌고래쇼를 선보이던 돌고래를 바다로 돌려보내기 전에 적응시키는 가두리를 만든다고 했다. 그 말을 듣는 순간 '어업인들은 돌고래만큼이라도 대우받고 있는가?' 하는 의문이 들었다. '어린 물고기 잡지도 팔지도 말자'는 포스터와 수많은 치어를 잡아먹고도 보호받는 돌고래가 오버랩되어 씁쓸하게 돌아왔다.

이 책이 수산업에 종사하는 어업인, 수협 관계자, 해수부 공무원 모두가 읽어야 하는 필독서가 되기를 바라며, 이 책을 내준 '현대해양' 발행사 ㈜베토와 저자께 거듭 깊은 감사를 드린다.

되짚어보는 '알기 쉬운' 수산학

최광식 제주대 해양생명과학과 교수

'현대해양'을 내는 ㈜베토에서 '정석근 교수의 되짚어보는 수산학' 추천사를 부탁받았을 때, 사실 수산학에 대한 지식이 빈약한 나로서, 과연 이 책을 추천할 자격이 있을까 잠시 생각해 보았다. 그러나 그 해답은 바로 이 책 제목에서 찾을 수 있었다, '되짚어보는'.

전공이 패류 생리학인 나로서 수학 함수 또는 모델로 설명되는 어류의 개체군 생태 및 자원학은 이해하기 쉽지 않은 분야이다. 그러나 정 교수의 수산학은 모델이나 함수와 같은 이론에 국한되지 않고 어류의 생태와 이를 활용하는 어업인 편에서 정말 이해하기 쉽게 설명하고 있다. 사실 이 책을 읽고 제목을 '되짚어보는'에 '알기 쉬운'을 추가하라고 권하고 싶었다. 되짚어보는 수산학에서는 우리나라 수산학의 근대 역사와 수산물 생산량의 시공간적 변동을 전공자가 아닌 보통 사람도 금방 이해할 수 있도록 쉽게 설명하고 있다.

2002년 세계식량기구의 통계에 의하면 우리나라 연간 수산물 소비량이 일본 다음인 세계 2위였다. 20년이 흐른 2022년, 우리나라는 일본을 넘어 세계에서 수산물을 가장 많이 소비하는 국가가 되었다. 그러나 세계수산물 소비 1등답게 우리의 수산업에 대한 이해나 관심이 세계 1위인지는 아직 미지수이다.

비록 조금 늦은 감은 있지만, '되짚어보는 수산학'이 수산업을 이해하는 데 있어 큰 도움이 될 것을 믿어 의심치 않는다.

머리말

파렴치범이 된 한국 어민들

얼마 전 롯데마트와 이베이코리아, SSG닷컴과 같은 유통업체가 해양수산부와 업무협약을 맺고 총알오징어를 비롯한 새끼 고기를 안 팔기로 선언했다는 뉴스가 죽 올라왔다. 거기 달린 댓글들을 한 번 보았다. "어부들이 우선적으로 계몽되어야 한다. 많이 개선되고 있겠지만 아직까지 무지하고 탐욕스런 어부들이 많아서… 낚시꾼도 마찬가지다", "잡는 놈들이 문제지. 소비자가 안 먹으면 사료로 팔걸? 더러운 어부놈들"

가슴 아픈 일이다. 육지에서 농부가 이런 욕을 먹어가면서 농사를 짓는가? 낡은 배 위에서 기름 냄새 풍겨가며 장화 신고 작업복 입고 힘들게 일하는 어부가 더러워 보일 수도 있겠지만, 왜 이렇게 욕까지 먹어야 할까?

죽방렴이나 정치망, 안강망과 같이 일정한 장소에 그물을 쳐놓고 지나가는 고기를 잡는 어법은 선사시대부터 시작됐다. 지난 수천 년 동안 이런 어법으로 그물에 잡히는 고기들을 잡아 왔지만 우리나라에서 이 때문에 어떤 어종이 씨가 말랐거나 멸종한 경우를 나는 들어본 적이 없다. 수천 년 전에도 지금과 똑같은 방법으로 고기를 잡아 왔는데, 달라진 것이라고는 지금은 국민들에게 욕을 얻어먹고 있다는 점이다. 더 놀라운 것은 이렇게 어민들을 도덕적으로 비난하고 욕 먹이는 데 대한민국 해양수산부가 앞장서 오고 있다는 점이다.

우리나라에서 농업을 하는 사람들이 농약을 많이 뿌린다고 이렇게 욕을 들어먹나? 소를 키워 판다고 이산화탄소를 배출하는 기후 악당이라고 비난을 받는가? 어린 새끼인 도야지나 송아지 고기를 못팔게 규제를 하는가? 이렇게 어업에 어설픈 도덕적 잣대를 들이대며 어업을 비난하는 이유는 크게 2가지라고 나는 본다.

첫째, 여러 가지 환경 요인이나 인간활동 때문에 크게 변동하는 어획고가 조금이라도 줄어들면 일부 자칭타칭 수산전문가나 해양수산부 공무원들은 그 원인을 일단 지나친 어업활동 때문이라고 하면서 금어기나 금지체장과 같은 온갖 어업 규제를 만들어 시행한다. 그리고 그 규제를 어기면 범죄자로 단속하거나 도덕적으로 비난한다. 어민들은 일 년 내내 법을 어기는 범법자들이라고 국민들에게 각인을 시킨다. 그런 온갖 규제를 농업에 적용하면 농민들도 1년 내내 범법자가 될 것이다. 일반 국민들도 마찬가지이다.

금어기나 금지체장 관련 규제는 대부분이 불필요하거나 수산자원 증대에 효과가 별로 없는 관행적인 행정에 지나지 않는데도, 해양수산부에서는 대상종을 계속 확대해오고 있어 수산업법 위반자들은 점점 늘어날 수밖에 없다. 어민들이 생계를 위해서 어쩔 수 없이 잡는 것은 이렇게 단속을 하고 언론을 동원해 도덕적으로 비난하면서, 막상 바다에 콘크리트 쓰레기 버리는 것에 지나지 않는 해양수산부 애물단지이자 수천억 원 국민 혈세 탕진 사업인 인공어초나 바다숲은 무슨 숭고한 제례의식이나 되는 양 '바다의 날'이니 '바다식목일'이니 하는 날을 정해 장관이 참석하고 유공자를 표창해 국민들을 세뇌해 미화시키고 있다.

둘째, 흔히 말하는 '공유지의 비극'이다. 농업이나 축산업에서 토지나 곡식, 가축은 모두 사유재산이다. 그 사유재산을 가지고 뭘 하든 기본적으로 국가나 이웃에서 간섭할 수 없다. 바다는 다르다. 누구나 이용할 수 있고, 남이 고기를 많이 잡으면 그냥 괜히 배가 아프다. 내가 잡는 것은 로맨스고 남이 잡는 것은 불륜이라는 태도에서 비롯되는 갈등은 우리나라 업종끼리뿐만 아니라, 어업인과 낚시인들 사이에도, 또 나라와 나라 사이에도 만연하다.

우리바다는 중국어선들 세력확장에 국내 어업은 점점 쪼그라들고 있는데, 해양수산부는 오히려 온갖 어업 규제로 어선수와 어선 크기를 줄여 어장이 점점 축소되고 있다. 어장을 확대하려면 먼저 우리 어업인들끼리 단결이 필요하다. 우리 어업인들끼리 조금만 서로 양보하면 더 큰 것을 얻을 수 있다. 여기에 해양수산부는 업종 간 지역 간 갈등을 부추기지 말고 서로 이길 수 있는 해법을 제시해 우리 어선들이 우리 어업주권을 지키도록 해야 한다. 배 크기 상한 규제도 철폐해 중국 어선에 맞서 우리 어선들이 우리 바다를 지키면서 더 많이 잡게 하여 악화되어가는 어업 경영을 크게 개선할 수 있도록 해주어야 한다.

해양수산부를 비롯한 정부에서는 수산 관련 규제를 줄이고 악법을 없애 우리 어업인들이 자녀들에게는 돈을 많이 버는 자랑스러운 아빠로, 국민들에게는 험한 바다에서 힘들게 일하며 건강식품인 생선을 잡아 공급하는 떳떳한 노동자로, 바다에서 사고가 났을 때는 가장 먼저 달려와 도와주고 우리 바다와 주권을 지키는 고마운 사람들로 정정당당히 인정받게 해주어야 할 것이다. 세상이 바뀌어도 어민은 예나 지금이나 죄가 없다.

2022년 8월

저자 정석근

발간사　2

추천사　4

머리말　8

1부_우리 바다에서 생선을 얼마나 잡을 수 있을까?

연근해 어업생산량은 왜 줄었을까?　16

수산자원조성사업, '실패' 인정해주어야　24

탄소중립 위해서라면 멸치 더 잡아도 돼　34

우리 바다에서 잡을 수 있는 물고기 양은?　43

2부_기후변화와 어업

물고기는 왜 갑자기 잡혔다 안 잡혔다 할까?　56

명태가 사라진 진짜 이유는?　64

그 많던 쥐치는 다 어디로 갔을까?　73

연평도 조기 파시, 다시 볼 수 있을까?　84

기후변화와 동경 128도 오징어 게임　95

남한의 수산자원회복사업과 북한에서 많이 잡히는 도루묵　105

세계사를 바꾼 대구　112

3부_우리나라 수산정책 문제점

어민을 죄인으로 모는 '남획' 남용	122
산란기에 금어기 지정?…근거 없는 관행	131
미국에서 알밴 꽃게 값이 더 싼 이유	139
어린 물고기를 잡지 말자?	148
거꾸로 가는 혼획 규제	157
정보 공개와 투명한 수산	166
해양수산부 '대외비' 감척사업	175
몰락하는 일본 수산업 따르면 우리도 망한다	184
선진국 흉내 내는 TAC	192
중국만 이롭게 하는 대한민국 수산정책	203
우리나라 거짓 수산학의 뿌리	210

맺음말   220

1부

우리 바다에서 생선을
얼마나 잡을 수 있을까?

연근해 어업생산량은
왜 줄었을까?

 아이들이 잘 자라려면 잘 먹어야 하듯이 물고기도 잘 자라려면 잘 먹어야 한다. 사람을 포함한 모든 동물은 다른 생물을 먹어야 자랄 수 있다. 양식장에서 넙치를 키울 때 폐사를 일으킬 수 있는 전염성 질병을 억제하기 위한 좋은 수질도 중요하지만 가장 중요한 것은 먹이를 매일 잘 공급해주는 일이다.

 그런데 넙치 양어장에 무생물인 돌멩이나 콘크리트 구조물을 집어넣으면 넙치가 더 잘 자라고 살아남아 넙치 생산량을 늘릴 수 있다고 믿는 사람들이 있다. 인공어초 사업은 일본에서 어획고를 높이기 위해 1950년대 시작한 것인데, 자연이치에 맞지는 않지만 현대 생태학이라는 학문이 나오기 전의 일이라 수긍은 해줄 수 있다. 그런데 우리나라는 이 인공어초 사업을 1970년대부터 시작해 지금도 매년 1,000억 대 예산을 투입하고 있다.

 선진국이라고 불리는 미국도 예외가 아니다. 미국 플로리다주에서도 1970년대에 '인공어초'라는 이름으로 오스본이라는 산호초에 던져 놓은 200만 개의 자동차 폐타이어를 수거하느라 골머리를 앓고 있다고 한다. 해류에 떠다니는 폐타이어가 산호초에 부딪치면서 환경재앙이 되어버린 것이다. 프랑스에서도 똑같은 일이 일어났다. 우리나라에서도 한때 폐타이어를 인공어초라는 이름으로 제주도 앞바다

미국 플로리다주 오스본 산호초에 '인공어초' 이름으로 던져진 폐타이어 (출처: 위키피디아)

에 넣으려 했으나 다행히도 타이어에서 녹아나오는 중금속과 같은 유해물질이 알려져서 중단됐다. 처치 곤란한 온갖 덩치 큰 쓰레기에 인공어초라는 이름을 붙여서 바다에 던져 넣은 사례는 그 외에도 많다. 지금도 우리나라에는 인공어초가 우리나라 연근해 물고기 생산량을 늘여줄 수 있다고 믿는 수산학자들과 공무원들이 의외로 많다. 어떻게 선진국에서도 정부 공무원이나 관련 학자들이 폐타이어와 같은 쓰레기를 바다에 집어넣으면 수산물 생산량이 늘어날 수 있을 것이라 믿게 되었을까?

어업생산량을 결정하는 요인은 식물플랑크톤

바다 속에 설치한 콘크리트 구조물이나 폐타이어에 물고기가 모여드는 경우가 있는데, 이를 위집효과라 한다. 그런데 인공어초는 주변에 있는 물고기를 한 곳에 몰리게 하는 효과, 즉 위집효과는 있지만 물고기 생산량을 늘릴 수 있다는 주장은 질량보존의 법칙을 망각한 것이다.

육지와 마찬가지로 바다에서 수산물 생산량과 어업생산량을 유지하는 근원적인 힘은 태양에서 지구로 온 빛에너지이다. 현미경으로 볼 수 있는 물속을 떠다니는 작은 식물플랑크톤은 엽록소에서 빛에너지를 받아 광합성을 한다. 쌀이나 과일처럼 에너지를 탄소와 물의 결합체라고 할 수 있는 탄수화물에 비축하는 것이다. 바다 생태계 먹이사슬에서 이 식물플랑크톤이 광합성으로 만든 탄수화물은 모든 수산생물 먹이의 근원이다.

따라서 식물플랑크톤은 바다 생태계 먹이사슬 가장 아래에 위치한다. 먹이사슬에서 식물플랑크톤이 이들을 먹는 동물플랑크톤을 떠받치고 있고, 동물플랑크톤은 작은 물고기의 먹이가 되어 다시 그 위에 있는 물고기를 떠받친다. 궁극적으로 식물플랑크톤 생산력의 변화가 수산자원을 포함한 생태계 전체의 생산력을 좌우하게 되는 것이다.

우리가 바다에서 잡을 수 있는 수산물 생산량의 일부, 즉 어업생산량은 결국 식물플랑크톤 1차 생산력과 이어지는 먹이사슬에서 먹이와 에너지 전달 효율에 따라 결정된다. 인공어초와 같은 콘크리트 구조물은 물 흐름을 바꾸거나 지나가는 물고기들이 일시적으로 피신할 수 있는 서식처가 될 수 있을지언정 수산생물 생산량 증대에는 거의 영향을 주지 못한다.

자원량과 생산량의 상관관계

일반인들이 흔히 혼동하는 것이 자원량(현존량)과 생산량이다. 어떤 수산생물 종의 자원량이라는 것은 계절에 따라 크게 변동하기 때문에 대개 1년 평균값으로 나타내며, 생산량이라는 것은 대개 1년 동안 그 어종이 생산한 것을 말한다. 따라서 자원량 일부를 어업으로 잡은 양을 흔히 어업생산량이라고 한다. 이 때 생태계 균형을 깨지 않으면서 장기적으로 최대로 어획할 수 있는 양을 최대 잠재 어업생산량이라고 하는데, 간단히 잠재 어업생산량, 또는 잠재어획량이라고도 한다.

이 자원량과 생산량 차이를 상추에 비유해서 설명해보자. 우리집 텃밭에 상추가 있고 이 상추 한 포기에 잎사귀가 5장 있다고 가정한다면 이 5장이 현존량(자원량)이 된다. 그렇다면 1년에 따서 먹을 수 있는 상추 잎사귀 수는 5장이 다일까? 아니다. 상추 잎사귀가 자라 하나 떼어내면 몇 주 지나지 않아 다시 새 잎사귀가 자란다. 새로 자란 잎사귀를 떼어내면 또 다시 거기서 잎사귀가 자라는 과정이 여름 내내 반복된다. 이렇게 새로 자라는 과정이 10회 반복된다면 여름에 상추 한 포기가 생산한 잎사귀 숫자는 5x10=50장이다. 텃밭에 상추가 4포기 있다면 상추 잎 현존량은 4x5=20장 밖에 되지 않지만, 여름에 우리 가족들이 따 먹은 상추 잎사귀 생산량은 4(포기)x5(장)x10(회)=200장이 되는 것이다.

바다 생물도 상추와 마찬가지로 솎아 잡아내면 다시 자라 채우는 과정을 반복한다. 바다생물이 생산한 단백질은 어획이 없다면 대부분이 먹이사슬에서 다른 생물 먹이로 잡아먹히게 된다. 가령 우리나라 남해 바다에 1년 평균 멸치 현존량이 100만 톤이라면 생산량은 700만 톤가량 된다. 어획이 없다면 이 700만 톤은 대부분이 방어나 돌고래와 같은 다른 육식성 동물 먹이로 잡아먹힌다. 그런데 이 중 20만 톤 정도를 권현망과 같은 어구로 잡아들이면 멸치 연간 어업생산량은 20만 톤

이 되는 셈이다. 이 때 20만 톤을 잡았다고 자원량이 100만 톤에서 80만 톤으로 줄어드는 것이 아니라, 잡지 않았으면 다른 바다 생물들 먹이로 갔을 700만 톤 중에서 20만 톤을 어획으로 잡았고, 나머지 680만 톤은 다른 바다 생물 먹이로 가는 셈이다. 결국 어획이라고 하는 것은 상추 잎사귀를 솎아내서 먹는 것과 같다. 상추를 통째로 뽑아서 먹지만 않는다면 상추 잎사귀는 계속 자랄 것이다. 마찬가지로 물고기도 통째로 다 잡지만 않는다면 자연질서에 따라 계속 세대교체를 하고 생산을 해 다른 생물들 먹이가 될 것이다.

수산생물 생산량과 잠재 어업생산량 추정

'전 세계 바다에서 잡을 수 있는 물고기 양은 얼마나 될까' 하는 것은 19세기부

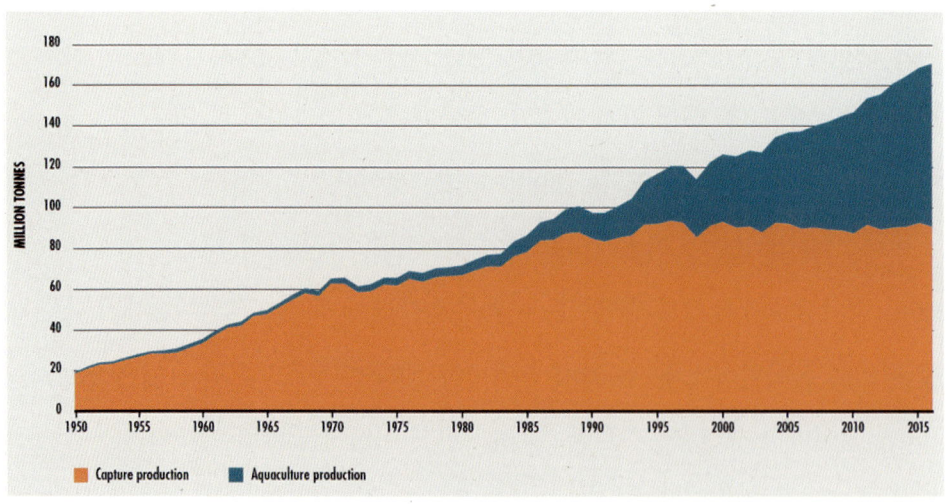

세계 수산물 연별 생산량 통계: 아래층은 잡는 어업, 윗층은 양식을 나타낸다. 잡는 어업은 육상에서 이루어지는 내수면 어업도 포함하고 있다. 포유류, 악어류, 해조류는 통계에 포함되지 않았다. (출처: 세계식량농업기구(2018)

터 사람들 관심거리였다. 1950년대 이후 몇몇 수산학자들이 여러 가지 방법으로 세계 바다에서 잡을 수 있는 최대 잠재 어업생산량을 추정했는데, 우리가 여기서 주목할 것은 식물플랑크톤을 전공한 미국 생태학자 리더(John H. Ryther)가 1969년 유명 과학학술지 '사이언스'에 게재한 논문이다. 과거에는 수산학자들이 자기들의 전통적인 방법으로 잠재어업생산량을 추정했는데, 수산학자가 아닌 플랑크톤 생태학자가 이를 추정하자 어업 현실을 모르고 너무 단순화했다는 비평도 있었지만, 50년이 지난 지금 보면 리더의 추정치가 가장 잘 맞아떨어졌다. 리더는 세계 바다를 3구역으로 나눈 다음, 1)해역별 식물플랑크톤 평균 생산량 2)해역별 먹이사슬에너지 전달 효율을 써서 세계 잠재 어업생산량을 계산했다.

여기서 에너지 전달 효율이라고 하는 것은 '생태학적 효율'을 말하는데, 먹이사슬 한 단계에 있는 생물이 그 바로 위의 단계에 있는 생물에게 먹힐 때 어느 정도 비율로 전달되는가를 말한다. 대사나 배설 등에도 에너지가 쓰이기 때문에 이 전달 효율은 100%가 될 수는 없다. 생태계 생태학에서는 대체로 이 효율을 10%로 가정한다. 리더는 이런 단순한 가정을 전제로 세계 물고기 생산량을 2억 4,000만 톤으로 추정하였으며〈표〉, 실제 세계 어업생산량은 1억 톤을 넘지 못할 것으로 예

구분	일차생산량 (유기탄소 톤)	영양단계	에너지 전달 효율(%)	어류 생산량(톤)
외양	16.3×10^9	5	10	160만
연근해	3.6×10^9	3	15	1억 2,000만
용승해역	0.1×10^9	1.5	20	1억 2,000만
합계				2억 4,000만

〈표〉 세계 해역별 어류 생산량 추정치

측하였다. 세계식량농업기구(FAO) 최근 통계에 따르면, 세계 수산생산량은 8,500만~9,500만 톤에서 더 이상 늘지 않고 있어 리더의 예측과 거의 가깝다.

리더 논문 방법을 이용해 우리나라 연근해 수산자원 생산량을 추정한 결과 약 250만 톤이 나왔는데, 리더와 마찬가지로 이중 40%를 실제 어획할 수 있다고 가정한다면 우리나라 연근해에서는 약 100만 톤을 어획할 수 있을 것으로 추정된다. 이는 지금 우리나라 연근해 어획고와 거의 같은 양이다.

연근해 어업생산량 감소 원인

지금까지 살펴보았듯이 바다 생물 생산량을 결정하는 것은 식물플랑크톤 1차 생산력과 이어지는 먹이사슬 에너지 전달 효율이다. 태양 빛이나 식물플랑크톤 생산력에서 지난 수십 년 동안 큰 변화가 있었다고 보기는 힘들다. 또 먹이사슬 구조가 크게 바뀌어서 사슬을 따라가는 에너지 전달 효율이 떨어졌다는 증거도 아직 없다. 따라서 단위 면적당 수산자원량이나 생산량이 줄어들었다는 증거는 아직 없다. 그럼에도 연근해 어업생산량이 100만 톤 이하로 내려간 것이 문제가 된다면, 그 원인은 자연이 아닌 사람에게서 찾아야 할 것이다.

수산자원 생산량에는 장기적인 변화가 없는데, 어업인들이 잡아들이는 어업생산량이 장기적으로 줄어들고 있다면 그 사회경제적인 원인을 몇 가지 생각해볼 수 있다. 첫째는 1990년대 말 유엔(UN) 해양법 발효와 한·중·일 어업협정 등으로 우리나라 조업면적 자체가 줄어든 것이며, 두 번째는 어종 특성을 고려하지 않고 도입한 총허용어획량제도(TAC)를 비롯한 과도한 어업 규제가 될 수 있을 것이다. 어획을 규제하면서 어업생산량이 늘기를 바라는 것은 자체모순(自體矛盾)이다.

또 해양수산부는 한·일어업협상에 나가서는 갈치를 더 잡게 해달라고 하면서 우리나라 갈치에 대해서는 TAC를 실시해 어업을 규제하려고 한다. 일본 연안에서 잡는 갈치와 우리나라 남해에서 잡는 갈치가 서로 다른 것인가?

'수산혁신2030 계획' 재검토해야

해양수산부와 일부 수산관련 연구기관에서는 단위노력당 어업생산량(CPUE)이 줄어들고 있으니 단위면적당 수산자원량이나 생산량이 줄어들고 있다고 주장하는데, 이것은 불확실한 어획노력량 시계열 자료를 잘못 분석한 것이다. 심각한 것은 이런 주장이 해양수산부 감척사업의 핵심 근거로 쓰여 왔고, 특히 최근의 '수산혁신2030 계획' 등에서는 어획노력량을 줄이려는 과도한 어업 규제에 적용되고 있다는 것이다. 이런 문제가 있기 때문에 '수산혁신2030 계획'은 수산해양 분야뿐만 아니라 폭넓은 전문가들, 그리고 현장 어업인들의 의견을 토대로 수정·보완해야 한다.

수산자원조성사업,
'실패' 인정해주어야

    99%의 실패를 거치지 않고는 1%의 성공을 가져올 수가 없다. 생물종이든 사람이든 시행착오를 통해서 환경에 적응하고 문제를 개선하면서 생존해왔다. 이런 실패를 거치지 않고도 바로 성공을 가져올 수 있다고 믿는 것이 사회주의이고 계획경제이다. 반면 자유민주주의나 자본주의는 무수한 시행착오를 통해서 점진적으로 문제를 해결해나가는 과정을 핵심으로 삼는다. 그렇기에 실패를 질책하기 보다는 성공을 위한 필연의 과정이라고 보고 실패에서 원인과 개선방안을 찾는 자본주의가 결국 공산주의보다 우월한 경제체제라는 것이 판가름 났다.

    정부정책이라는 것도 실패할 수 있다는 것을 충분히 인정해주어야 혁신이 가능하기에 우리나라에서도 공무원들이 직무와 관련하여 실패를 해도 인사 불이익을 받지 않도록 충분히 보장하고 있다. 그런데도 그 공무원들이 발주한 연구과제가 실패하면 연구비 다 물어내라고 하는 나라가 우리나라이다. 그래서 대한민국은 연구과제 성공률이 98%가 넘는 놀라운 나라이다. 비슷한 제목의 과제가 2개 이상이면 중복이라고 해서 하나는 없애야 한다. 과제 성공률이 100%이니 당연히 중복이다. 하나가 실패할 수도 있다는 가능성은 연구계획서에서 있을 수가 없다. 바람 불면 납작 엎드리는 것이 공무원 사회 생존법이 되고, 감사에 지적 안 받는 것이 목적이 되어버린 국가 연구개발 사업들이다. 이런 나라에서 과학 분야 노벨상을 바라고 있다.

우리나라 수산분야도 마찬가지로 그럴듯한 명분으로 시작된 큰 사업들이 예산을 탕진해 가면서 수십 년 동안 별 실적도 없이 진행되고 있지만 감사원은 물론 어느 정부 부처에서도 브레이크를 걸지 않는다. 이렇게 10년 이상 진행된 정부 장기 대형사업의 경우 그 성과가 없더라도 공무원들은 누군가가 책임을 져야하기 때문에 적어도 공식 문서에서 '실패'라는 것은 있을 수 없다.

연근해어업 생산량 감소

'물 반 고기 반'이 되는 풍요로운 바다를 만들자는 목적으로 1970년대부터 시작한 '인공어초', '종묘방류', '바다목장', '바다숲조성'과 같은 수산자원조성 사업에 매년 1,000억 원 이상의 예산이 바다 속으로 들어가고 있다. 그러나 통계청이 발표한 '2016년 어업생산동향조사 결과'에 따르면 2016년 한반도 근처에서 잡은 수산물의 양을 뜻하는 연근해어업 생산량은 44년 만에 처음으로 100만 톤 아래로 내려갔다고 한다.

이런 사업들을 시작하면서 내세웠던 목표인 '물 반 고기 반'은 아니더라도 현상유지는 해야 하는데 왜 이런 지속적인 사업에도 불구하고 우리나라 연근해 어획고는 줄어들고 있을까?

그 원인에 대해서는 구체적인 조사와 연구가 필요하겠지만 한 가지 확실한 것은 지난 50년 동안 꾸준히 해왔던 이런 연 1,000억 원이 넘는 수산자원조성사업들이 효과가 거의 없었다는 점이다. 실패한 것이다. 그런데도 해양수산부와 관련 지방자치단체에서는 이 조성사업을 중단은커녕 재검토를 하겠다는 계획도 없다. 감사원이나 관련 정부부처 감사기관은 이런 수백 억 원 규모의 대형 사업들은 제대로 감사를 하지 않고, 몇 천 원짜리 출장 식사비 같은 사소하기 짝이 없는 사안이나 열심히 뒤져 정량실적이나 채운다. 대마불사(大馬不死)이고 한번 시작된 대형 정부사업은 뉴턴의 '관성의 법칙'에 따라 그냥 흘러간다.

먼저 인공어초사업을 살펴보면, 시작은 수산자원을 조성한다는 선한 의도였지만, 연안역 바다 속에 콘크리트 덩어리를 던져 넣는다고 어떻게 어업 생산성이 높아질 수 있겠는가? 자세한 것은 '연근해어업생산량은 왜 줄었을까' 편을 참고하기 바란다.

인공어초?

세계에서 인공어초를 가장 많이 설치한 일본을 보면 이미 중세시대에 대나무 구조물을 바다 속에 넣으면 물고기가 많이 잡힌다는 것을 관찰하고는 1950년대부터는 국가 차원에서 인공구조물을 바다에 넣어왔는데, 우리나라도 이것을 뒤늦게 따라한 것이다. 물론 어종에 따라 인공어초로 몰려드는 '위집효과'는 일부 있을 수 있지만 우리나라 연근해 전체 수산생물 생산량을 증가시킨다는 것은 질량보존의 법칙을 거스른 발상이다. 이마저도 바다에 설치한 인공어초는 사후관리가 제대로 되지 않아 바다 쓰레기로 바뀐 지 오래되었다. 아마 앞으로는 이 버려놓은 인공어초 수거하는 데 더 많은 예산이 들지도 모른다.

다음으로 바다숲 조성사업을 보면, 바다에 숲을 조성해서 물고기들이 편히 살 수 있는 서식처를 마련해주자는 좋은 의도로 하겠다고 하는데 누가 반대하겠는가? 하지만 이 사업은 그 이름부터 이상하다. 숲은 나무로 이루어져 있으며, 열대지방

〈사진1〉 미국 캘리포니아 강어귀에서 인공수정란 방류 목적으로 송어 알을 채집하는 모습 (1896년)
(출처: Leitritz, E., 1970. A history of California's fish hatcheries, 1870-1960. Department of Fish and Game.)

해안가 맹그로브를 제외하면 바다에는 나무가 자라지 않는다. 바다에서 자라는 식물은 나무가 아니라 풀, 즉 '말'이다. '바다숲'이라는 엉터리 용어를 정부에서 쓰는 나라는 전 세계에서 대한민국이 유일하다. 육지처럼 사람들이 나무를 많이 베어버렸다면 식목일에 나무를 많이 심어주면 숲이 조성될 수 있다. 그러나 바다에서 바다풀이 줄어든 주원인은 사람들이 풀을 많이 베었기 때문이 아니다. 전 세계적으로 연안 바다풀이 줄어드는 이유는 오염이나 기후변화를 비롯한 바다 환경이 바뀌었기 때문이다. 바다풀을 회복시키려면 바다 환경을 개선시키면 된다.

'바다풀' 감소 원인 정확히 밝혀야

그런데 해양수산부에서는 바다숲이라면서 바다풀을 따닥따닥 붙인 온갖 구조물을 해안가 바위 등에 붙이는 한심한 일들을 국민 혈세를 들여가면서 매년 해왔고 '바다식목일'도 기념하고 홍보도 열심히 하고 있다. 환경이 이미 나빠졌는데 어떻게 바위에 붙여놓은 바다풀이 몇 년 이상 생존하여 다시 번식을 할 수 있겠는가? 이미 미국과 같은 나라에서도 30년 전에 시도했지만 실패하였으며, 그나마 바다풀 씨를 직접 뿌려 바뀐 새 환경에 살아남아 번식할 수 있는 종을 선별해 볼 것을 권장하고 있다. 시일이 아무리 오래 걸리더라도 바다풀 감소 원인을 정확히 밝힌 뒤 개선이나 해결방안을 찾아야 할 것이다.

세 번째로 요즘 언론에 자주 오르내리는 명태나 대구를 대상으로 하는 수정란이나 치어방류 사업을 보면 전 세계적으로 이런 수정란이나 치어방류사업이 성공한 사례가 그렇게 많지 않다(Blaxter, J., 2000). 인공수정란을 바다에 방류하여 수산자원을 회복하겠다는 시도는 1870년대 미국, 영국, 노르웨이 등에서 대구, 넙치, 송어 등을 대상으로 시작되었다〈사진 1〉. 그러나 그 후 수십 년 동안 효과를 보여준 경우는 한 번도 없어 그 실패를 인정하고 1960년대부터는 좀 더 잘 살아남을 것으로 보이는 치어 방류를 시도하게 되었다.

그러나 우리나라 일부 지방자치단체에서는 이렇게 미국과 유럽에서 이미 60년 전에 실패했다고 판정내린 시행착오를 굳이 뒤늦게 반복하고 있다. 1980년대부터 구체적인 실험계획이나 효과 검토 없이 인공수정란 방류를 중구난방으로 해왔고, 언론에서도 마치 인공수정란 사업이 효과를 내고 있다고 맞장구를 쳐주기도 했으며, 지금도 계속하고 있다〈사진 2〉.

가령 대구를 보면, 1월은 경남, 울산, 부산 해역에서 대구가 금어기이지만 경상남도가 하고 있는 수정란 방류 사업에 쓰일 친어 확보 목적으로 거제를 비롯한 경

〈사진 2〉 대구 수정란 방류

남 일부 해역에서 대구 어획을 허용하고 있다. 대구가 기르는 소처럼 수정을 잘하지 못한다면 인공수정란 방류가 효과가 있을 수 있다. 하지만 대구가 수정을 제대로 못한다는 증거는 하나도 없다.

또 바다 바닥 기질에 잘 부착해야 살아남을 수 있는 침성란인 대구알이 자연상태에서 얼마나 부화하는지 연구된 적도 없다. 또 인공수정란 방류사업을 통해서 부화율이 얼마나 증가하는지에 대해서도 평가된 적이 없지만, 인공 수정란이 자연 수정란만큼 생존할 리가 없다. 바닥 기질에 붙여야 살 수 있는 침성란인 대구 인공 수정란을 올해도 어김없이 바가지로 바다 위에 훠이훠이 뿌리는 모습을 보고 웃어야 할지 울어야할지 기가 찬다. 그냥 잡지 않으면 자연상태에서 알을 잘 낳을 어미 대구를 수정란 방류를 핑계로 굳이 잡아서 알은 억지로 빼내서 바다 위에 뿌리고 나머지 고기는 먹겠다는 이야기밖에 되지 않는다.

경상남도가 집계한 수정란 방류 통계를 보면 대구가 많이 잡히는 해에는 당연히 바다에 뿌린 수정란도 많아질 수밖에 없는데, 이를 거꾸로 해석해서 수정란을 많이 뿌렸더니 대구가 많이 잡혔다고 주장하기도 하고 언론에서도 그대로 받아 보도한다. 그러나 '그 많던 쥐치는 다 어디로 갔을까?' 편에서 살펴보겠지만 2000년대 들어 경남에서 대구 어획고가 증가한 주원인은 동해에서 대한해협으로 들어오는 저층냉수가 더 확장된 기후변화 때문이다.

모든 어류는 초기사망률, 특히 알 사망률이 매우 높아서 잘 부화된 대구 알일지라도 약 90% 정도가 10일 이내에 죽는다〈그림 1〉. 1,000만 마리 수정란이 바닥

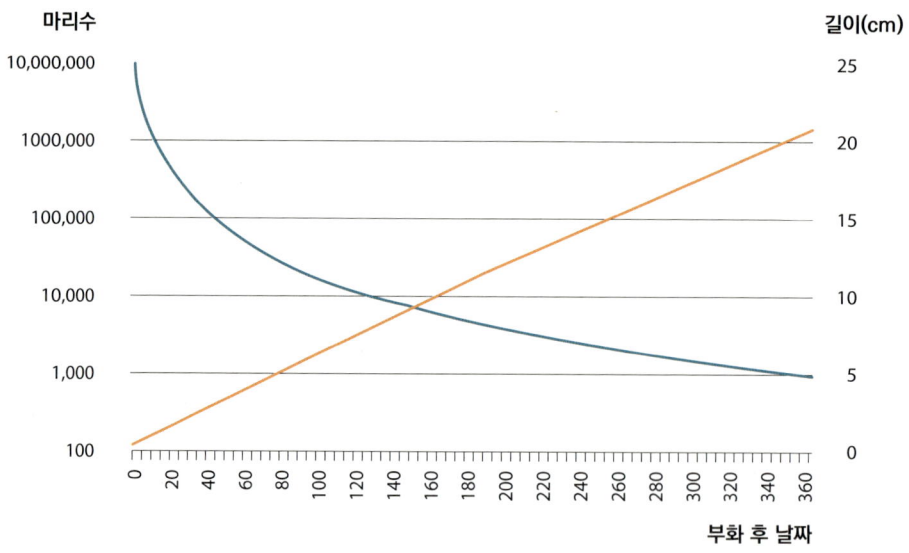

〈그림 1〉 1천만 개 대구 수정란이 부화했을 경우 1년 동안 일별 마리수(왼쪽축)와 몸 길이(오른쪽축) 변화
(출처: Jung, S., Choi, I., Jin, H., Lee, D.-w., Cha, H.-k., Kim, Y., Lee, J.-y., 2009. Size-dependent mortality formulation for isochronal fish species based on their fecundity: an example of Pacific cod (Gadus macrocephalus) in the eastern coastal areas of Korea. Fish. Res. 97, 77-85)

에 잘 부착하고 100% 생존하여 직경 4.1mm 난황자어로 부화하더라도 1년 뒤 체장 21cm 어린 대구로 살아남는 개체수는 약 1,000마리다. 즉, 처음 1년 생존율은 0.01%에 지나지 않는다. 대구 어미 1마리가 평생 낳은 알 수백 마리당 평균 2마리가 어른으로 자랄 수 있는 것이 자연의 섭리이다.

가령 지난해 1월에 서해 충청남도에서 대구 알 500만 립(粒)을 방류해서 어민소득 증대를 하겠다는 보도가 나왔는데, 이 숫자가 뭐 대단한 것 같지만 '눈 가리고 아웅하기'로 큰 암컷 대구 한 마리가 평생 낳는 알 수에 지나지 않아 침성란으로 바닥에 잘 붙여주면 잘해야 이 중 2마리가 어른 대구로 살아남을 수 있다.

인공 수정란 방류보다 조금 나은 것이 치어 방류인데, 높은 사망률을 겪는 어린 시기 동안 실내에서 잘 배양하여 어느 정도 생존력이 있는 치어 크기에 도달하면 방류한다. 해마다 세계 약 20개 국가에서 180종을 대상으로 260억 마리에 이르는 치어를 바다에 방류하고 있으나 여전히 실험용으로 해보는 것이 대부분이기 때문에 그 유용성은 여전히 명확하지 않고, 세계적으로 성공한 사례가 그렇게 많지는 않다.

치어방류 효과?

미국 알래스카와 일본에서는 참돔, 넙치, 연어 등을 비롯한 몇 어종, 그리고 미국 하와이 숭어(*Mugil cephalus*), 텍사스 홍민어(*Sciaenops ocellatus*), 체사피크만 농어(*Morone saxatilis*)에서는 치어 방류 성공 사례가 있다. 또 일본에서 정착성 패류나 새우류, 꽃게도 일부 효과가 있는 것으로 나타났다. 국내에서는 정착성 어류인 감성돔과 같은 경우 치어 방류 사업은 효과를 보았다. 미국 대서양 농어의 경우

1990년대 초 방류 효과 조사하기 위해서 치어를 실험실에 키우면서 이석(귀뼈) 나이테에 열처리를 하여 표지를 새겨서 자연산과 방류한 농어가 구별이 가도록 미리 치밀하게 실험계획을 짰다(Secor, D.H., Houde, E.D., 1998).

우리나라에서 최근 시도하고 있는 대구 치어 방류를 보면 일본에서도 15년 전쯤 완전양식에 성공하여 평균 약 5cm 체장까지 키운 대구 치어 41만 마리를 방류했는데, 9마리가 살아남아 다시 잡힌 것으로 추산하고 있어 재포율은 0.002%에 그친다. 재포율이 적어도 10%는 넘어야 경제성을 검토해볼 수 있는데 대구는 명태와 마찬가지로 아직 이 정도 수준에도 도달하지 못하고 있다. 낮은 재포율과 심해 차가운 물을 공급하는데 드는 비용을 생각하면 도저히 경제성이 없어 그냥 연구 목적으로만 소규모로 진행하고 있다.

경상남도에서 대구 치어를 방류하기 시작했고 그 효과 조사도 한 것으로 알지만 일본 사례를 크게 벗어나지는 않을 것으로 본다. 더구나 대구는 유전자 다양성이 낮아서 유전자 조사로는 자연산과 방류 개체를 구분하기 힘들어 일본에서도 대서양 농어처럼 열처리 방법을 썼다. 그런데 한국수산자원공단에서는 유전자로 대구 방류 효과조사를 했다는 보도자료가 나와 도대체 어떻게 한 것인지 신기했는데 그 뒷이야기는 아직 듣지 못했다.

우리나라 동해 명태 치어 방류 사업도 치어의 높은 자연사망률, 기후변화 요인을 고려하면 도저히 경제성을 맞출 수 없을 것으로 보지만 그래도 연구 목적으로 시도해본 것은 나름대로 의미는 있다고 본다.

수정란 방류사업은 지자체들이 지역민과 유권자들을 대상으로 하는 눈속임으로 보여주기 전시행정의 대표적인 사례이다. 수정란 방류사업은 모두 중단하고 오히려 가능성이 있는 치어 배양과 방류 기술을 소규모로 시도해보는 게 차라리 더 낫다. 수산을 가지고 해양수산부나 지방자치단체에서는 홍보용 업적을 만들어서 보여주고싶어 안달이 나겠지만 바다 생물, 즉 자연이라는 것은 인간 욕심대로 그렇게 함부로 또 갑자기 바꿀 수 있는 것이 아니다. 바닷속이 잘 보이지 않는다고 수산생물을 가지고 하는 장난은 그만 둬야 한다.

실패 인정하고 새 장기사업 계획해야

대마불사라고 하지만 국민 세금 낭비만하는 수산자원조성사업을 본격 평가하여 개선하거나 중단해야 한다. 대신 지금 우리가 알고 있는 지식으로 바다에서 지금 남아있는 수산생물을 어떻게 하면 자연과 균형을 이루면서 이용할 수 있는지 평가를 하고, 지속 가능한 수산업으로 어업인들에게는 안정된 소득을 보장하고 소비자들에게는 안심하고 먹을 수 있는 수산물을 공급해줄 수 있을 것인지 머리를 맞대고 새로운 수산정책을 생각해봐야할 때이다.

사기업처럼 단기간에 눈에 확 띄는 성과를 내기 힘들지라도 장기적인 목표를 가지고 조용히, 그리고 꾸준히 정책을 펴는 것이 정부가 할 일이다. 실패를 포용해주고 시행착오와 학습을 통해서 정책을 개선하고 발전시킬 수 있게 해주는 장치가 필요하다. 지금이라도 늦지 않았으니 정부는 지난 50년 수산자원조성사업에 대한 실패를 인정해주고 새 장기사업을 계획하고 시작할 수 있게 해주어야 한다.

탄소중립 위해서라면
멸치 더 잡아도 돼

'탄소중립'이라는 말이 유행이다. 탄소중립이란 탄소 순배출량을 '0'으로 만든다는 뜻이다. 인류는 석탄, 석유와 같은 화석연료로 자동차를 운전하고, 집을 식히고 데우고, 전기를 쓰면서 이산화탄소로 대표되는 온실가스를 꾸준히 배출해왔다. 기후위기에 맞서 지구가 감당하여 균형을 이룰 수 있는 만큼만 탄소를 배출하도록 모든 사회 구조를 바꾸자는 것이 탄소중립이다.

2015년 파리협정에서 국제사회는 지구가 파국으로 향하지 않으려면 각국이 온실가스 감축을 해야 한다고 정했고, 이 목표에 맞추기 위해서 한국은 현재 배출량 절반 수준인 3억 5,000만 톤 이상을 2030년까지 줄일 것을 요구받았다. 지난해 10월 말 문재인 전 대통령은 2050년까지 탄소 과소비 사회와 이별한다는 뜻으로 '2050 탄소중립'을 선언했다. 이어서 정부는 지난해 12월 탄소중립 실현을 위한 기본 정책 방향을 담은 '탄소중립 추진전략'을 발표하였다. 그런데 2019년 한 해에 전년보다 2,490만 톤을 줄인 것이 지금까지 한국이 보인 최고 성적이다. 시간은 없고 해야 할 일은 너무 많은 어려운 처지에 놓여있다.

정부는 2021년 5월 30~31일에 서울에서 열린 환경 분야 국제회의인 '2021 P4G 서울 녹색미래 정상회의'에서 '서울 선언문'을 채택했고, 현재 2050 탄소중립

시나리오를 마련 중이라고 한다. 그리고 이를 토대로 2021년 말까지 산업, 에너지, 수송 등 분야별 탄소중립 전략을 수립할 계획이라고 했다.

여기에 맞추어 우리나라 정부 부처뿐만 아니라 기업, 지방자치단체에서도 탄소중립 실천 방안을 서둘러 내놓고 있다는 언론보도가 나오고 있다. 가령 산림청에서는 지난 2021년 5월에 탄소중립을 위해 어린나무 30억 그루를 심겠다고 발표를 했는데, 우리나라 한 중앙 일간지에서 강원도 한 야산에서 대규모 벌목 작업이 이뤄지고 있다는 소식을 사진과 함께 크게 보도하여 어린나무를 심기 위해 오래된 나무들을 이렇게 베어내어도 되는지 큰 논란을 일으키기도 했다.

생물 활용한 탄소저감법

지구에서 배출되는 온실가스 중 1/4은 인류가 매일 먹는 음식을 생산하는 과정에서 나오는 것이라고 과학자들은 추산하고 있다. 먹는 것을 담당하는 우리나라 정부 부처에서도 부랴부랴 탄소중립과 관련한 여러 가지 아이디어를 내고 또 발빠르게 보도자료를 내고 있다. 식품의약품안전처에서는 P4G 서울정상회의가 열리는 동안 보도자료를 내어 '탄소중립 시대를 준비하는 흐름에 발맞추어 식품·의약품의 안전관리 체계의 지속 가능성을 강화하고자 제도 개선을 추진 중'이라는 언론보도가 나왔는데, 그 중 눈을 끄는 것은 '이산화탄소 배출량 많은 소고기 대신 식용 곤충 범위 확대'라는 기사이다.

"식약처는 200kcal당 이산화탄소 24kg을 배출하는 소고기를 대체할 단백질 식품을 확보하기 위해 식용곤충 인정 범위를 확대한다는 방침이다. 식용곤충은 200kcal당 이산화탄소 0.7kg을 방출해 소고기보다 이산화탄소 배출량이 현저히 적다. 국내에서 식용 가능한 곤충은 메뚜기, 백강잠, 식용누에, 갈색거저리유충, 쌍별귀뚜라미, 장수풍뎅이유충, 흰점박이꽃무지유충, 아메리카왕거저리 유충 탈지분말, 수벌 번데기 등 9종인데 식약처는 새 곤충이 식품 원료로 인정될 수 있도록 안전성 평가 등 기술을 지원할 예정이다."(출처: YTN 2021.05.30)

해양수산부에서는 몇 년 전부터 콘크리트 토목 사업에 지나지 않는 바다숲으로 이산화탄소를 저장할 수 있다고 홍보해왔지만 최근 KBS 방송에서 그 실상을 담은 영상이 공개되어 시청자들로부터 비난을 받고 있다. 또 최근 탄소중립 방안을 내어놓았는데, '친환경 선박 추진', '수소 항만 구축', '세계 최대 메탄올선'과 같이 공학이나 해운 분야에 치우치고 있으며, 식약처처럼 생물을 활용한 방법은 아직 내놓지 못하고 있다. 그만큼 주무부처인 해양수산부 공무원들이 바다생물과 수산을 잘 모른다는 말이다.

곤충보다 생선

요즘 젊은이들이 점점 생선을 안 먹는다고는 하지만, 그래도 곤충보다는 생선을 먹으려고 하지 않을까? 어업으로 탄소중립을 실천하려면 우리가 살아가는데 꼭 먹어야 할 단백질로 소고기 대신 우리나라 3면 바다에 지천인 멸치를 더 잡아서 먹으면 된다. 멸치는 연간 수백만 톤을 잡아도 되는데, 당장 다 팔리지는 않을 것이다. 그러나 점차 많이 잡으면 다양한 요리법과 함께 소비도 늘어날 것이다.

어업으로 잡는 수산생물 생산에 들어가는 온실가스 배출량은 평균적으로 단백질 1kg을 생산하면서 나오는 이산화탄소양은 2.2kg 밖에 되지 않는다〈표1〉. 그 중에서도 멸치나 고등어, 정어리 같은 소형 부어류는 이산화탄소 0.2kg으로 가장 낮고, 새우와 같은 갑각류가 7.9kg으로 가장 높다. 식용곤충은 약 탄소 16, 양식생물 4~75, 닭과 같은 가금류는 10~30, 돼지고기 20~55, 소고기 45~640, 양고기 51~750kg이다. 소고기와 비교해서 곤충은 약 1/18, 생선은 1/130이며, 그 중 멸치는 1/1,500 밖에 탄소를 배출하지 않는다.

멸치나 고등어, 전갱이, 정어리와 같은 소형 부어류는 단백질 1kg을 생산하면서 배출하는 탄소량이 곤충보다 80배, 소고기보다는 1,500배 더 적다. 특히 정치망과 같은 수동적 어구로 잡는 소형 부어류는 탄소배출량이 0에 가깝다. 우리나라 연간 소고기 소비량은 약 70만 톤으로 탄소배출량은 약 2억 톤이다. 만약 우리

어업분야	어획량 (백만톤)	연료사용 강도 (리터/톤)	탄소배출 강도 ($kgCO_2$/kg)	총 탄소 배출량 (CO_2 백만톤)
세계 어업	81	489	2.2	179
선박 종류				
동력	74	532	2.3	174
무동력	6	0	0.7	5
상품 종류				
식용	57	592	2.7	152
식용 외	24	246	1.1	27
사료, 기름	18	82	0.4	7
어류 종류				
부어류<30cm	17	42	0.2	3
부어류>30cm	21	430	1.9	41
저서연체동물	3	523	2.4	7
저어류	31	539	2.4	75
두족류	4	613	2.8	10
갑각류	5	1,739	7.9	43
지역				
남아메리카	16	235	1	16
북아메리카	6	380	1.7	10
유럽	12	390	1.7	20
아프리카	5	385	1.8	9
아시아 (중국 제외)	28	554	2.5	71
오세아니아	1	636	2.8	3
중국	13	809	3.7	50
곤충			16	
소고기			45–640	
돼지고기			20–55	
닭고기			10–30	

〈표 1〉 2011년 잡는 어업 분야별 온실가스 방출량
(출처: Parker RW, Blanchard JL, Gardner C, Green BS, Hartmann K, Tyedmers PH, Watson RA 2018. Fuel use and greenhouse gas emissions of world fisheries. Nature Climate Change 8, 333-337.)

나라 사람들이 소고기를 먹는 대신 그 양만큼 멸치를 먹는다면 탄소배출량은 14만 톤 밖에 되지 않는다. 소고기 대신 식용곤충을 먹는다면 탄소배출량은 약 1,000만 톤이다. 즉, 소고기 대신 멸치를 먹는 것만으로 2030년까지 목표인 3억 5,000만 중 2억만 톤, 즉 70%를 달성할 수 있다는 말이다.

육고기보다 수산물 섭취가 탄소중립에 도움돼

우리나라 연간 돼지고기와 닭고기 소비량은 약 140만 톤, 77만 톤인데, 모두 멸치로 대신한다면 줄어드는 이산화탄소배출량은 대략 5,000만 톤, 1,500만 톤이다. 이론적으로 소고기, 돼지고기, 닭고기 대신에 멸치를 먹는다면 어업으로만 2030년 한국 탄소중립 목표치의 약 90%를 달성할 수 있을 것으로 보인다.

그러나 육고기 대신 멸치만 먹는 것은 현실적으로 불가능하다. 그래도 멸치와 같은 생선을 많이 먹을수록 탄소중립에 크게 기여할 것이라 것은 확실하다. 또 멸치가 식용곤충보다는 양도 비교할 수 없을 정도로 많아 탄소 감축에 더 효과적이고 현실적이다. 멸치가 아니더라도 육고기보다 수산물을 더 많이 잡고 소비할수록 탄소중립에는 크게 도움이 되며, 건강에도 좋다.

서양에서는 생선을 좋아하지 않으니, 곤충이라도 더 먹어서 탄소중립을 이루려고 하는데, 생선을 즐겨먹는 우리나라에서는 해양수산부가 멸치가 멸종위기종이나 되는 듯 더 적게 잡게 하려는 궁리를 하고 있다. 더구나, 식용곤충은 멸치보다 10배 이상 비싸다.

멸치는 몸집이 작고 대개 1년생이기 때문에 아무리 잡아도 멸종하지 않는다. 살충제 DDT를 그렇게 뿌렸는데도 모기가 멸종하지 않는 것과 같은 원리이다. 모기 없애려다가는 오히려 사람이 먼저 멸종한다. 우리바다에서 멸치는 한 때 20만 톤 정도 잡히다가 지금은 온갖 규제로 어획량이 점차 줄어들고 있다. 최근에는 멸치를 TAC(총허용어획량제도)에 포함시킬 계획이라고 하니 기가 찬다. 공무원들이 이 정도로 수산생물에 무지할 줄은 몰랐다.

멸치는 육상 생태계로 치면 사람에게 단백질 공급원인 콩과 같은 것이다. 생태계 먹이사슬 위에 있는 소고기 1kg을 먹는 것과 아래에 있는 콩 1kg을 먹는 것 중 어느 것이 더 환경 친화적이고 생태계에 충격을 덜 주며, 탄소중립에도 도움이 되는지는 누구나 알 것이다. 육지에서 콩이나 곤충 소비를 권장하듯이 바다에서는 물고기 중 먹이사슬 가장 아래에 있는 멸치 어획과 소비를 권장하는 것이 바다 생태계에 미치는 충격과 온실가스 배출을 줄이는 지름길이다.

바다 생태계 먹이사슬에서 물고기 영양단계는 대개 종에 관계없이 몸 크기에 따라 결정된다. 작은 물고기는 자연사망률이 높아서 상대적으로 어획사망률이 미치는 영향이 적지만, 큰 물고기는 자연사망률이 낮아서 어획이 미치는 충격이 상대적으로 크다. 20년 전에 캐나다 수산학자 다니엘 폴리가 밝혔듯이 지금 해양생태계는 대구, 다랑어와 같이 서양 사람들이 전통적으로 좋아하는 먹이사슬 위를 차지하는 몸집이 큰 물고기들은 남획으로 이미 90% 이상 고갈되었기에 어쩔 수 없이 먹이사슬 아래에 있는 청어나 멸치 같은 작은 물고기를 잡는 방향으로 어업 구조가 바뀌어오고 있다고 보고했다.

우리나라는 다행스럽게도 다랑어, 대구, 명태 같은 큰 물고기에만 의존하지 않고, 멸치와 같은 작은 물고기도 전통적으로 좋아했고, 또 많이 잡아와서 이미 생태계 균형을 고려한 어업이 자리 잡고 있다. 더군다나 서양 사람들은 별로 좋아하지

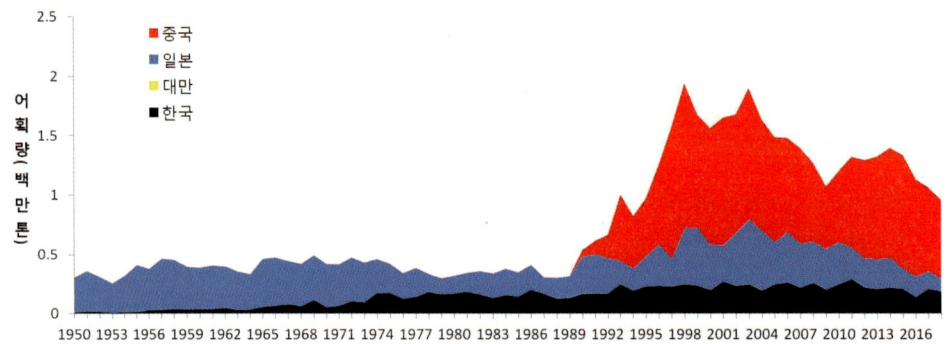

〈그림 1〉 북서태평양 FAO 61 해구 국가별 멸치 어획고 (1950~2018)

않는 이런 소형 부어류를 많이 잡고 소비하는 것은 탄소중립에도 크게 기여한다.

그런데도 해양수산부에서는 거꾸로 멸치를 일정량 이상 못 잡게 하면서 연근해 어획량은 100만 톤 이상 유지하겠다는 모순되는 정책을 실행하려 한다. 같은 100만 톤을 잡는다면 대구나 명태 같이 큰 물고기보다는 작은 멸치를 더 많이 잡을수록 해양생태계에 주는 충격이 덜하고 단백질 1kg 어획에 필요한 탄소배출량은 멸치가 큰 물고기보다 10배가량 적다.

더구나, 우리나라 바다 멸치 잠재생산량은 수천만 톤에 이르며, 이중 10%도 되지 않는 300만 톤을 어획해도 큰 문제가 없다는 것을 보여주는 국내외 논문이 있고, 최근 중국 멸치 어획고 통계도 있다〈그림1〉.

우리 바다에서 멸치 분포 자료는 충분하지 않지만, 지난 40년 동안 몇 번 조사한 알 분포를 보면 멸치가 동·서·남해에 비교적 골고루 분포하며, 특히 서해안에서 많이 서식하고 있는 것으로 보인다(〈그림2〉 왼쪽). 그러나 어선 어획고 분포를 보면 기름값과 같은 조업 비용을 절감할 수 있는 육지와 가까운 연안역인 통영 앞바다에서 주로 멸치를 잡고 있으며, 황해에서는 상대적으로 어획고가 낮다(〈그림2〉 오른쪽). 따라서 황해나 남동해까지 조업 해역을 확대하면 어획고를 10배 이상 늘리면서도 지속 가능한 멸치 어업이 가능함을 짐작해볼 수 있다.

소형 부어류 어획규제 풀어야

따라서 우리나라 연간 육고기 소비량인 약 300만 톤 중 적어도 1/3에 해당하는 연간 100만 톤 멸치 어획고를 올릴 수 있는 수산정책을 지금부터라도 펴야할 것이다. 공식 중국 멸치 어획고는 2015년에 90만 톤을 넘었기 때문에, 우리도 대한민국 영해 안에서라도 어장을 적극 개발한다면 불가능한 일이 아니다.

멸치, 고등어, 살오징어와 같이 멸종 가능성이 적고 외부 충격에 탄력적으로 적

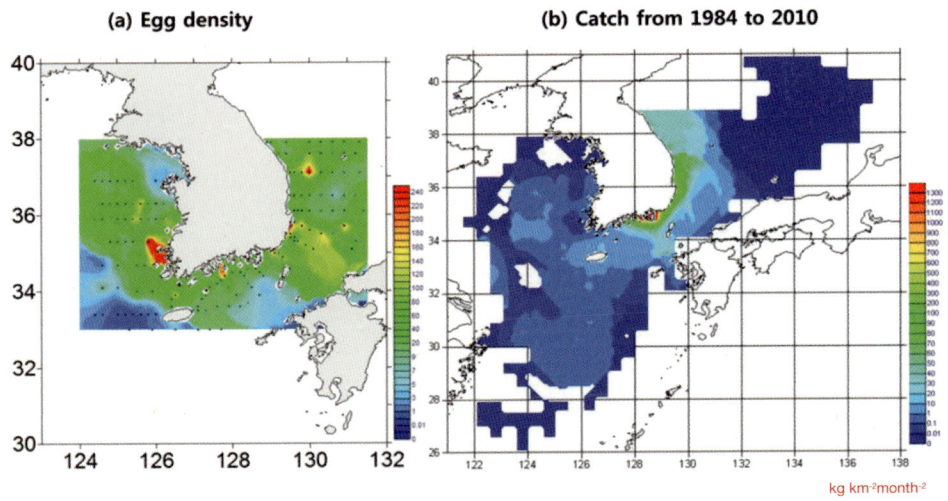

〈그림 2〉 우리나라 바다 멸치 알(1985, 1995, 2002)과 어획고(1984~2010) 평균 분포
(출처: Jung S, Pang I, Lee J, Lee K 2016. Climate-change driven range shifts of anchovy biomass projected by bio-physical coupling individual based model in the marginal seas of East Asia. Ocean Science Journal 51, 563-580.)

응할 수 있는 소형 부어류에 대한 어획규제를 없애거나 풀어주지 않는다면 우리나라 해양생태계 어획 문제를 더욱 악화시키고 탄소중립에도 역행하는 결과를 가져올 것이다.

또 해양수산부에서 지금까지 수천 억 예산을 소비한 바다숲은 설령 성공하더라도 탄소중립 효과는 멸치 어획에 비교하면 조족지혈(鳥足之血)이다. 차라리 그 예산을 멸치를 비롯한 소형 부어류를 잡는 어법과 새 어장을 개발하고 생분해성 연안 정치망을 보급 확장하는데 투자하는 것이 낫다.

해양수산부는 실험적으로 어획 규제를 풀고 어장을 개척하여 멸치를 비롯한 수산생물 어획고 증대와 소비가 탄소중립에 얼마나 기여할 수 있는지 연구개발사업 등을 통해 구체적으로 확인할 수 있을 것이다.

우리 바다에서 잡을 수 있는 물고기 양은?

대한민국 해양수산부에서는 1990년대부터 '수산자원량'이라는 용어를 쓰면서 '수산자원'이 곧 붕괴될 것이라며 20년 넘게 여러 가지 정책과 목표를 정하고 바다 토목 사업을 벌여오고 있다. 이런저런 국민 혈세 탕진 사업을 정당화시켜줄 수 있는 손쉬운 방법 중 하나가 이렇게 막연한 공포심을 조장하는 것이다.

2021년 3월 〈현대해양〉 기사에 따르면 "정부는 313만 톤에 머물러 있는 연근해 수산자원량을 2025년 400만 톤, 2030년 503만 톤까지 회복한다는 목표를 세웠다"라고 한다. 그리고 "이를 위해 총허용어획량(TAC) 제도를 통해 수산자원 관리를 강화하고 생태계에 기반한 수산자원 환경을 조성할 방침"이라고 전하고 있다.

그러나 이런저런 자리에서 해양수산부 공무원이나 수산 연구자들을 만나서 이야기 해보면 이 '수산자원량'이라는 말을 얼마나 제대로 이해하고 있는지 의문이 든다. 그 수산자원이라는 것은 눈으로 볼 수 없으므로 우리 관념에만 존재하는 개념이다. 흔히 연근해라고 하는 우리나라 배타적 경제수역에서 수산자원량을 추정해보면, 멸치만 약 1,600만 톤은 될 것 같은데〈그림 1〉, 이 313만 톤이라는 턱없이 작은 숫자가 어떻게 나왔는지 관련 보고서를 공개하지 않으니 구체적으로 알기 힘들다.

'수산자원량' 용어 제대로 이해하고 있나?

우리 바다에서 고기를 얼마나 잡을 수 있는가는 수산물 잠재생산량에 따라 달라지며, 그 중 일부를 1년 동안 그물 등으로 잡는 양을 연간 어업생산량 또는 어획고라고 한다. 여기서 '잠재생산량'이라고 하는 것은 정해진 바다 공간에서 물고기가 태어나 먹이를 먹으면서 새끼에서 어미로 자라면서 몸무게도 늘어나는데 그 늘어난 몸무게를 개체군을 대상으로 모두 합친 양이다. 이 때 물고기는 자라면서 자연적인 요인으로 죽기도 하고 그물에 잡혀 죽어나가므로 개체수도 줄어든다. 대개 1년 동안 얼마나 개체군 전체 몸무게가 늘었는지 그 습중량으로 나타낸다. '생산량'은 분모에 시간이 들어가는 속도 단위이다. 가령 '연간 백만 톤' 또는 '100만 톤/

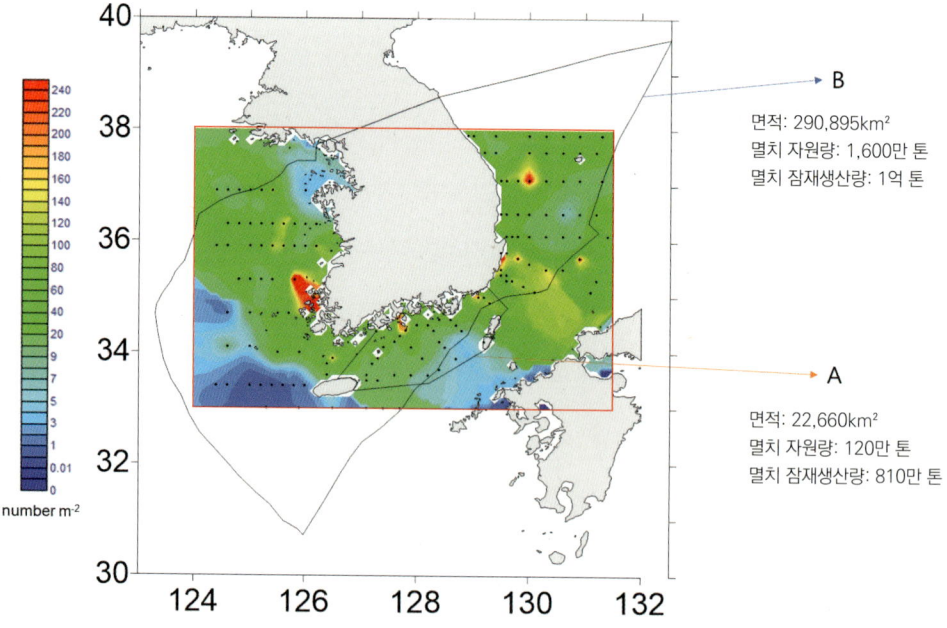

〈그림 1〉 1985, 1995, 2002년 멸치 알 평균 개수 분포(단위 평방미터당 알 개수)로 추정한 멸치 자원량과 연간 생산량. 검은 점 멸치 알 채집 정점, A 멸치 자원량과 생산량 추정 대상 해역, B 우리나라 배타적 경제수역
(출처 Jung et al. 2016, Ocean Science Journal.)

년'이라고 표시를 한다.

반면에 수산자원량은 생체량(Biomass)를 말하는데, 바다에서 수산생물 전체 생체량은 계절에 따라 크게 변동하기 때문에 대개 연평균을 쓰며 단위는 그냥 무게이고 분모에 시간이 들어가지 않는다. 가령, '400만 톤' 또는 '평방킬로미터당 3kg($3kg/km^2$)'과 같이 표시한다.

연근해 연간 어업생산량이라는 것은 연근해 수산자원량이라기 보다는 연근해 연간 수산생물 잠재생산량에 따라 결정이 된다('연근해어업생산량은 왜 줄었을까' 편 참고). 물론 같은 조건에서 자원량이 많아지면 생산량도 비례해서 증가한다. 그러나 수산자원량과 잠재생산량은 그대로 비례하지 않을 수도 있는데, 그 이유는 잠재생산량/수산자원량 비율(Production to Mean biomass = P/B ratio = P/B 비율)은 수산생물 몸 크기가 커질수록 줄어들기 때문이다. 똑같은 수산자원량이라도 멸치와 같이 몸 크기가 작은 어종을 많이 잡을수록 어업생산량은 크게 늘어날 수 있다. 반대로 대구나 참다랑어와 같은 큰 어종을 많이 잡을수록 상대적으로 어업생산량은 크게 줄어들 수 있다. 즉 어떤 어종, 어떤 크기를 더 많이 잡는가에 따라 우리 바다에서 잡을 수 있는 수산생물 생산량은 크게 달라질 수 있다는 말이다.

대구나 다랑어처럼 덩치가 크고 여러 해를 사는 어종을 대상으로 할 때는 이 자원량과 생산량을 제대로 구분 못해도 큰 문제가 되지 않을 수 있으나 멸치나 오징어처럼 덩치가 작고 대개 수명이 1년 미만인 어종을 대상으로 할 때는 이 자원량과 생산량을 명확히 구분해야 한다. 생물 몸 크기가 작을수록 수명은 짧아지는 반면에, 그 세대교체 속도는 빨라진다. 따라서 연평균 자원량 대비 연 생산량 비율(P/B 비율)은 덩치가 커질수록 작아지는데, 대개 고등어, 갈치, 참다랑어처럼 큰 어종들은 1보다 작지만 멸치는 2보다 크며, 특히 유생은 10을 넘는다(Jung, 2008. Fisheries Research).

자료가 턱없이 부족하지만 우리나라 수산 관련 기관이나 연구자들이 여러 가지 방법으로 우리나라 연근해 수산자원량과 잠재생산량을 추정해오고 있다. 20년 전쯤에는 우리나라 연근해 수산자원량을 1,000만 톤이라고 추산하기도 했으며, 최근에는 240만 톤 정도로 추정한 연구 논문이 나오기도 했다. 지금까지 나온 여러 가지 추산 방법과 관련 논문들을 보면서 느낀 것은 우리 바다 어업생산에서 가장 중요한 멸치를 제대로 다루고 있지 않다는 점이다.

어업생산에서 가장 중요한 멸치

멸치는 해양생태계 먹이사슬에서 플랑크톤을 어업대상 어종과 연결시키는 중간 고리 역할을 한다. 따라서 유럽은 물론 멸치를 먹지도 않는 미국에서도 연근해 수산 연구에서 가장 중요한 어종은 멸치이고, 또 조사와 연구가 가장 많이 되어 있다. 우리나라도 다행히 다른 어떤 어종보다 멸치에 대해 연구가 많이 되어 있는 편이나 일본이나 미국과 비교하면 턱없이 부족하다. 멸치 자원량과 생산량을 제대로 추정해서 반영하면 멸치를 먹이로 먹는 연근해 수산생물 잠재생산량도 제대로 추정할 수 있다. 또 우리나라 어종 중에서 상대 자원량이 아닌 절대 자원량을 추정할 수 있는 어종은 아직 멸치 밖에 없다.

자료가 부족하고 불확실성이 높을 때는 복잡한 생태계 모형보다 단순한 모형이 오히려 그 신뢰도가 높아지고 정책을 펴내는데 실질적으로 더 도움이 되는 결과를 내어줄 수 있다. 우리 연구실에서 지난 몇 년 동안 우리나라에서 연구가 그래도 가장 많이 된 멸치를 가지고 아주 단순한 모형을 적용하여 우리나라 연근해 수산자원량과 생산량을 추정해오고 있어 그 결과를 간단히 소개하려 한다.

〈그림 1〉은 흔히 연근해라고 하는 대한민국 배타적 경제수역에서 멸치 자원량과 생산량을 추정한 결과를 간단히 나타낸 것이다. 국립수산과학원에서는 1983~1994년 동안 A라고 표시한 남해 해역에서 멸치 알을 9단계 발달단계별로 분류하여 그 개체수를 측정하여 알을 낳는 멸치 어미 자원량을 추정했다(Kim and Lo 2001, Fisheries Oceanography). 어미 멸치 한 마리가 낳는 평균 알 개수를 알면 역으로 알 개수를 조사하여 어미 멸치 자원량을 추정할 수 있는데, 이를 알 생산법(Egg Production Method)라고 한다. 이 방법으로 추정한 봄과 여름 남해 멸치 자원량은 적게는 17만 톤에서 많게는 49만 톤까지였다.

내가 2008년에 간단한 개체역학 모형을 이용하여 추산한 멸치 자원량은 계절에

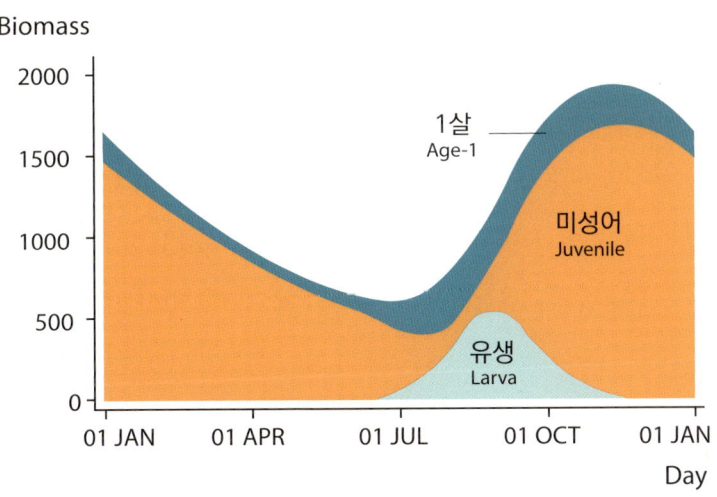

〈그림 2〉 대한해협 멸치 자원량(Biomass) 추정치 계절 변동(단위:천 톤)
(출처: jung 2008, Fisheries Research.)

따라 크게 달라지는데 봄, 여름보다는 가을에 멸치 자원량이 더 높아지는 것으로 나타났으며, 추정한 연평균 자원량은 약 120만 톤이었다〈그림 2〉. 멸치 생활사를 유생, 1세 미만 미성어, 그리고 1세 이상으로 나누었을 때, 1세 미만 미성어가 생산량 대부분을 차지했다〈그림 2〉. 다음 우리나라 연근해 전체를 대상으로 한 멸치 알 조사결과를 가지고 멸치 알 개수 밀도가 어미 양에 비례한다고 가정하고, 우리나라 배타적 경제수역으로 그 추정 대상해역을 확장시킨 결과 우리나라 연근해 멸치 자원량은 연평균 1,600만 톤에 잠재생산량은 연간 약 1억 톤 정도였다〈그림 1〉.

물론 20년이 지난 몇몇 멸치 난자치어 조사 결과를 가지고 추정을 했기에 불확실성은 대단히 높다. 최근에 국립수산과학원에서 연구선 3척을 동시에 출항시켜 멸치 난자치어 조사를 더 넓고 정밀하게 했기 때문에 최신 자료를 받을 수 있다면 멸치 자원량과 생산량 추정치 신뢰도를 크게 개선시킬 수 있다.

이런 불확실성에도 우리 연구실에서 추정한 우리나라 연근해 멸치 자원량 추정치 1,600만 톤은 해양수산부에서 발표한 연근해 전체 어종 자원량 313만 톤보다 5배 이상 많은 값이다. 또 우리가 추정한 멸치 잠재생산량 1억 톤은 그동안 우리나라 수산연구자들이 멸치를 대상으로 추산한 20만 톤 이하 추정치와 비교하면 무려 500배 이상 많다. 우리 바다에서 잡고 있는 멸치 연간 어획고 20만 톤 이하는 잠재생산량의 극히 일부인 0.2% 이하에 지나지 않는다.

우리 수산생물 잠재생산량 약 1,000만 톤

왜 이렇게 큰 차이가 날까? 중국에서만 멸치를 연간 약 100만 톤까지 어획했다고 보고한 것으로 보았을 때, 적어도 우리 바다 멸치 잠재생산량은 수백만 톤 이상이라고 미루어 짐작할 수 있으므로 멸치 잠재생산량을 20만 톤 이하로 추정한 기존 연구 결과는 다시 검토해볼 필요가 있는 것으로 보인다('탄소중립 위해서라면 멸치 더 잡아도 돼' 편 참고).

그러면 우리 바다 멸치 연간 생산량 1억 톤 중 어선이 잡은 연간 20만 톤 정도를 제외한 나머지 9,880만 톤은 어디로 갔는지 궁금할 것이다. 어떤 물고기든 우리가 잡지 않은 것은 궁극적으로 자연사망으로 모두 죽는다. 자연사망 대부분은 다른 포식생물들에게 잡혀 먹는 것이다. 약 1억 톤 멸치 생산량은 다른 물고기나 갑각류, 두족류, 포유류, 새 등 포식자들 먹이로 간다는 말이다. 멸치에서 포식자로 갈 때 생태계 에너지 전달 효율이 대략 10% 정도이므로, 멸치를 제외한 이 포식자들 연간 생산량은 1,000만 톤 정도임을 추정해볼 수 있다. 따라서 우리 바다에서 멸치를 연간 20만 톤 정도만 잡는다면, 멸치가 떠받쳐 줄 수 있는 우리나라 수산자원 잠재생산량은 연간 약 1,000만 톤이다. 물론 멸치 외에도 청어나 고등어 새끼와 같은 작은 물고기들이 멸치를 대신해서 이 포식자들 생산을 떠받쳐 줄 수 있지만, 그 양이 멸치 생산량에 비교하면 미미할 것으로 보이기 때문에 우리나라 수산생물 잠재생산량은 약 1,000만 톤 정도 되는 것으로 볼 수 있다.

먹이사슬을 따라 그 생산량이라는 것은 한 단계 올라갈 때마다 10% 정도만 전달되면서 끊임없이 흐르므로, 이론적으로 멸치만 잡는다고 생각하면 그 잠재생산량은 1억 톤이지만 멸치를 먹는 다른 물고기들만 잡는다면 그 잠재생산량은 약 1,000만 톤이다. 어업대상을 참다랑어나 고래처럼 몸무게가 몇 킬로그램 이상 가는 대형 수산생물에만 국한한다면 그 잠재생산량은 역시 1,000만 톤의 10%인 연간 100만 톤 정도일 것이다.

따라서 어획 대상 생물 크기 범위와 비율을 어떻게 정하느냐에 따라 수산생물 잠재생산량은 달라진다. 우리바다 수산생물 생산량을 모두 멸치가 떠받친다고 가정하면 멸치만 어획대상으로 했을 경우 수산자원량은 1,600만 톤, 잠재생산량은 1억 톤이다. 그러나 현실적으로 멸치는 지금처럼 20만 톤 이하로 잡고, 멸치보다 큰 고등어, 갈치, 참조기, 대구와 같은 중형 물고기나 두족류만 어획대상으로 고려한다면 그 자원량은 수백만 톤에서 2,700만 톤까지, 연간 잠재생산량은 1,000만 톤에서 1,500만 톤 정도 될 것으로 우리 연구실에서 추산하고 있다.

미국 식물플랑크톤 생태학자 리더는 수산생물 잠재생산량중 40% 정도를 어획할 수 있을 것이라고 가정했는데(Ryther 1969: '연근해어업생산량은 왜 줄었을까' 편 참조), 이 가정 하에 우리나라 수산물 잠재생산량을 보수적으로 연간 1,000만 톤으로 잡는다면 이중 40%인 400만 톤 정도는 잡을 수 있을 것으로 보인다. 실제 지금 우리나라 배타적 경제수역에서 한국과 중국 어선이 잡는 어업생산량은 연간 250만 톤 정도임을 보면 400만 톤이 그렇게 터무니없는 숫자는 아닐 것이다. 또 북서태평양에서 중국은 최근 1,200만 톤, 일본은 1980년대에 약 1,000만 톤, 러시아가 최근 350만 톤을 잡은 것과 비교하면 우리나라 연근해 어획고 400만 톤 목표는 그렇게 허황된 목표는 아닐 것으로 본다.

수산자원 줄어든다는 증거 없어

해양수산부와 일부 수산 연구자들이 우리나라 연근해 수산자원이 계속 줄어들고 있으며, 곧 붕괴될지 모른다고 하는데, 우리가 보는 동북아시아 어획고 자료를 보면 별 근거가 없는 주장이라는 것은 '중국만 이롭게 하는 대한민국 수산정책' 편

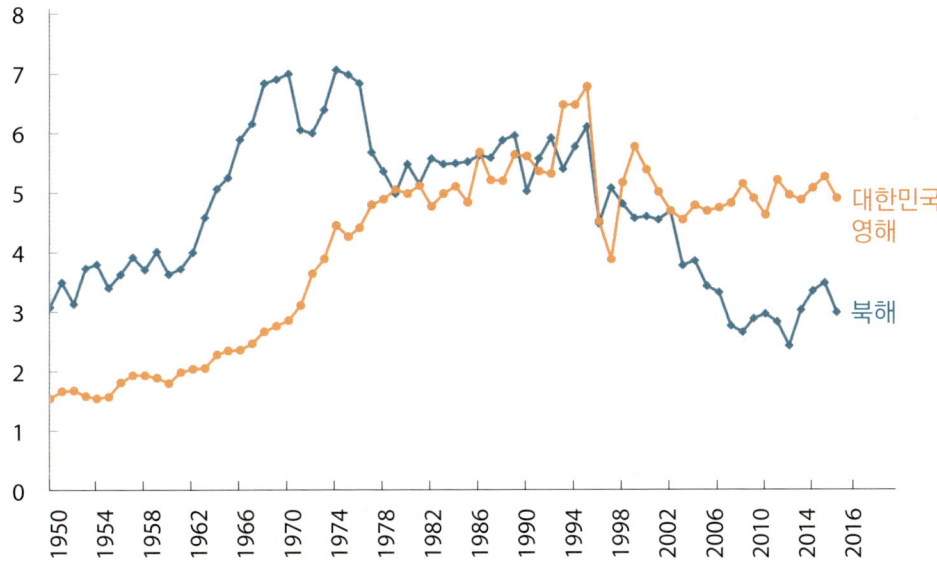

〈그림 3〉 우리나라 영해와 유럽 북해 단위면적당 연간 어획고 비교
(출처: Shon et al., 2014)

에서도 설명을 할 것이다.

    세계에서 수산학이라는 학문이 처음 시작되고 관련 연구가 가장 많이 되어 있으며, 수산자원관리를 가장 철저히 하는 유럽 북해를 보면 최근 수산자원이 줄어드는 것으로 보인다〈그림 3〉. 북해에서는 2000년대 들어서면서 식물플랑크톤 생산량이 꾸준히 줄어들었기 때문이다. 그러나 우리나라 영해에서는 식물플랑크톤 생산량이 줄어들고 있다는 것을 보고한 연구결과도 없을뿐더러 〈그림 3〉에 보는 것처럼 단위면적당 어획고도 1980년 이후 2016년까지 거의 일정하다(1997년과 1998년 우리나라 영해 어획고가 크게 준 것으로 나타났는데, 이는 중국이 이 기간에 어획고 보고를 안했기 때문이지 실제 단위면적당 어획고에 큰 변화가 있었던 것은 아니다).

우리나라 어획고만 보면 줄어들고 있는 것으로 보일지 모르나 꾸준히 늘어난 중국 어선 어획고를 포함하면 지난 40년 동안 우리 영해 단위면적당 어획고는 북해에 비교하면 놀라울 정도로 일정했다. 해양수산부는 수산자원이 줄어들어 회복시켜야 한다고 하는데, 이를 뒷받침하는 증거는 없다. 오히려 우리나라 바다에서는 북해나 미국 동부 연안과 같은 다른 나라 바다에 비교해서 성장이 빨라 생산성이 유달리 높은 멸치(*Engraulis japonicus*)가 우점하면서 높고 안정된 수산물 잠재생산량을 유지해주고 있는 것으로 보인다(Jung and Houde 2014, Ocean Science Journal). 즉 멸치 때문에 우리바다는 외부 충격에도 잘 적응하는 탄력적인 해양생태계를 유지하는 것으로 보인다.

수산자원이 줄어든다는 증거도 없고 중국 어선 때문에 우리 어업인들이 피해를 받고 있다면, 한중 어업협상을 개선하고 동해 독도 부근 어장을 개척하고 또 조업구역이나 TAC와 같은 온갖 어업 규제를 없애거나 완화하여 우리 어민들이 우리 바다에서 연간 400만 톤 정도 어획고는 올릴 수 있도록 해주어야 한다.

연구결과를 발표하고 있는 정석근 교수

2부

기후변화와 어업

물고기는 왜 갑자기
잡혔다 안 잡혔다 할까?

몇 년 전부터 우리 바다에서 오징어가 많이 안 잡힌다고 아우성이다. 한 때 한국과 일본에서 수백만 톤까지 잡혔던 정어리는 2000년대 들어와서 우리 바다에서는 구경도 하기 힘들다. 또 명태와 말쥐치가 거의 사라진지는 20년이 넘었다. 대신 갈치, 조기, 그리고 냉수성 어종인 대구, 청어가 요즘 잘 잡힌다고 한다.

우리나라에서 이렇게 어종별로 어획고 변동이 큰 이유는 기후 변화에 따른 서식지 변화가 중요한 이유라고 간략히 설명한 적 있다('그 많던 쥐치는 다 어디로 갔을까?' 편 참고). 그러나 그 구체적인 메커니즘은 아직 잘 모른다. 수십만 톤씩 잡히던 정어리가 왜 갑자기 보이지 않는 걸까?

'정어리 위기'

이것은 20세기 초 수산학이라는 학문이 시작된 유럽이나 미국에서도 마찬가지였다. 19세기 말부터 프랑스 브리타니 지방 앞바다에서는 잘 잡히던 정어리가 갑자기 안 잡혀 어민들은 물론 통조림 공장까지 경제적 타격을 크게 받았다. 그러다가 다시 정어리가 잘 잡혀 안도했다가 또 몇 년 못 가 다시 어획고가 폭락하는 과정을 반복했다. 이런 현상을 프랑스에서는 '정어리 위기(La crise sardinière)'라고 불렀다. 원래 어촌에서 먹을 만큼 조금만 잡다가 19세기 말 통조림이 개발되고 동

력선이 나오면서 교역대상으로 유럽 다른 나라에 어린 정어리를 비싼 값으로 팔 수 있게 되었다('세계사를 바꾼 대구' 편 참고). 생계형 영세어업이었던 프랑스 정어리 어업은 은행에서 대출을 받는 자본주의 산업으로 탈바꿈하면서 정어리 어획고 변동이 주는 경제적 충격이 갈수록 커졌다.

북유럽 대구와 북미 연어 어획고도 갑자기 줄어 경제적 타격이 있었다. 정어리 개체수가 어업 없이도 자연적 주기에 따라 수십 년 주기로 큰 폭으로 변동할 수 있다는 것이 밝혀진 것은 1990년대 이후이다('그 많던 쥐치는 다 어디로 갔을까?' 편 참고). 19세기 말까지만 해도 이렇게 물고기 어획고가 변동하는 이유를 잘 알지 못했으며, 막연히 환경 변화나 남획을 그 원인으로 짐작할 수 있을 따름이었다.

20세기 초에 유럽과 북미 각국 정부에서는 이렇게 크게 변동하여 경제 충격을 주는 물고기 개체군과 관련 해양 환경 연구가 필요하다는 것을 잘 인식하고 있어, 1902년 국제해양개발위원회(International Council for the Exploration of the Sea:

ICES)라는 국제공동해양수산기구를 만들어 물고기 개체군이 왜 이렇게 크게 요동치는지 그 이유를 연구하려 했다. ICES는 세계 해양수산 연구를 선도하면서 많은 성과를 올렸지만 물고기 개체군이 요동치는 이유는 아직 밝히지 못해 120년이 지난 오늘날도 연구활동을 계속하고 있다('선진국 흉내내는 TAC' 편 참고).

기하급수적으로 증감하는 생물 개체군

어획고가 크게 변동하는 첫 번째 이유는 생물 개체군이 기하급수적으로 증감하기 때문이다. 이것은 농업에서도 마찬가지로, 어느 해에는 배추가 풍년이어서 값이 폭락하여 수확도 못해보고 그냥 갈아엎어버리기도 하지만, 그 다음해에는 흉년이라 값이 크게 오르기도 한다. 사람은 직선으로 증가하는 현상에는 익숙하지만, 이렇게 기하급수적으로 증감하는 것은 잘 이해를 못한다. 가령, 지난해부터 세계를 휩쓴 코로나 바이러스가 대표적이다. 기하급수적으로 증가할 수 있는 바이러스 감염 속성을 정치인이나 일반인들은 제대로 못 받아들이기 때문에 감염병 전문가들이 그렇게 경고를 했는데도, 중국 우한에서 도시 봉쇄를 하자 미국과 유럽에서는 독재국가에서나 하는 대책이라고 비웃으면서 남 일처럼 여기다가 두 달도 지나지 않아 감염자가 크게 늘어 당황했다.

두 번째는 수산학에서 주로 들을 수 있는 '가입(加入)' 문제이다. 가입이라고 하니 무슨 보험 가입이나 노조 가입이 떠오르겠지만, 영어 'Recruit'를 일본인들이 한자로 옮기면서 우리말로는 알기 어려운 말이 되어버렸다. 그러나 그 개념이 어려운 것은 아니다. 'Recruit'는 다시(re) 자란다(cruit)는 말이다. 전쟁에서 군인들이 전투에서 죽어나가면 새 병사들이 들어와서 충원을 하게 되는데 이것을 영어로

Recruit라고 했다가 요즘에는 대학생들이 학교를 마치고 직장에 들어가 신입사원이 되는 것을 '리크루트'라고 해서 우리나라 언론에서도 흔히 쓰는 외래어가 됐다. 물고기가 신병이나 신입사원이 되는 경우는 자라서 그물에 잡힐 수 있는 어업 대상이 되는 것이다.

〈그림 1〉은 일반적인 물고기 생활사를 보여주고 있다. 언제 가입이 일어나는가는 어종이나 어업 사정에 따라 달라지는데, 명태라면 우리나라는 노가리 단계이고 미국은 성어 단계이다. 멸치라면 흔히 실멸치라고 하는 자어 단계에서도 어획을 하므로 가입은 후기자어라고 봐도 무방할 것이다. 금지체장이 있다면 그 크기가 가입이 이루어지는 단계이다.

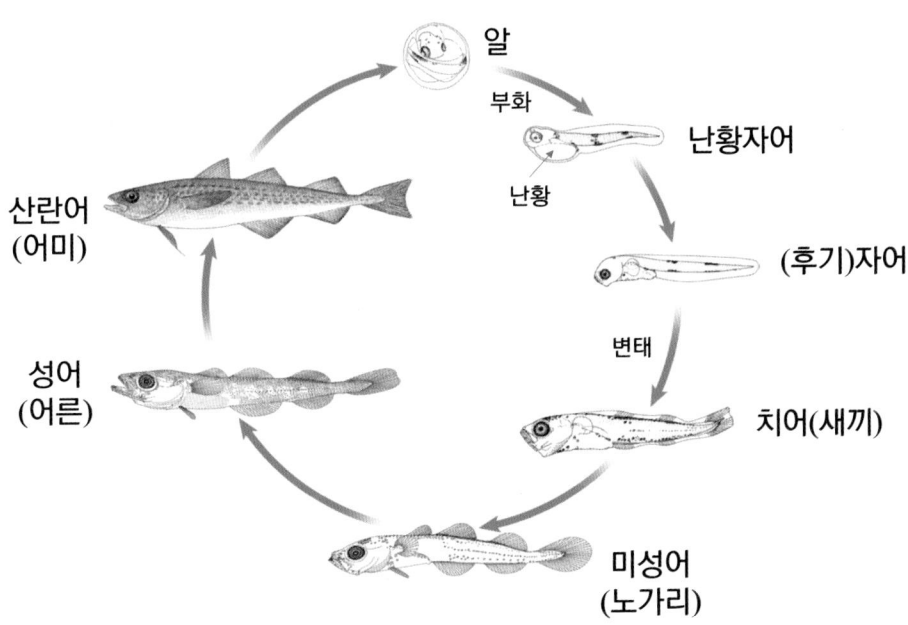

〈그림 1〉 대표적인 물고기 생활사(명태)

물고기, 특정 생활사 단계서 민감

육지 채소나 바이러스와는 달리 물고기는 특정한 생활사 단계에서만 외부 환경에 민감하게 반응하여 개체수가 크게 변동한다. 물고기 어획고 풍흉은 '초기생활사'라고 하는 알로 태어나서 이 가입단계까지 얼마나 살아남는가에 따라 결정이 되고, 이 이후로는 크게 영향을 받지 않는다〈그림 2〉. 대부분의 어종은 어미 한 마리가 산란기에 수십만 수백만 개 알을 낳지만 그 중 가입단계까지 살아남는 비율은 1%도 채 되지 않으며, 로또 당첨 확률보다 낮다. 운이 좋아 알부터 가입단계까지 유난히 많이 살아남은 같은 해에 태어난 개체군을 '탁월연급군'이라고 한다 ('어린 물고기를 잡지 말자?' 편 참고).

〈그림 1〉에서 눈 여겨 봐야할 것은 난황(卵黃)이다. 계란을 생각하면 되겠는데, 갓 부화한 물고기 자어가 살아가는데 필요한 영양분 저장소이다. 대부분 어종들은 어미가 알만 낳지 자기 자손들을 돌보지 않는다. 사람이나 많은 포유동물은 부모가 새끼에게 먹이를 잡는 방법을 오랫동안 가르친다.

그러나 부모가 곁에 없는 갓 태어난 물고기는 먹이를 잡는 방법을 익히지 못했기 때문에 태어나면 당장 굶어죽을 수밖에 없다. 그래서 먹이를 잡아먹을 수 있는 방법을 익힐 때까지 비상식량으로 알속에 어미가 남겨둔 영양분을 먹는데, 그것이 난황이다. 따라서 난황이 있는 한 자어는 굶어죽지는 않는다. 그러나 난황이 다 떨어진 후기자어동안 먹이 잡는 방법을 제대로 익히지 못했던가, 아니면 환경에서 먹이가 부족하면 대량으로 굶어죽을 수 있다.

20세기 초에 유럽 수산학자들은 후기자어기를 그 해 가입량을 대부분 결정하는 생활사 단계로 보기도 했다. 그러나 1990년대 들어와서는 실제 자연에서 굶어죽은 자어를 보기 힘들기 때문에, 다른 생물에 잡아먹히는 과정이 더 중요하다고 보기 시작했다. 또 후기자어기 동안 먹이가 많으면 빨리 자라 사망률이 높은 후기 자어기에서 보내는 시간을 단축하여 생존율이 높아질 수 있다고 보기도 한다. 그리고 수온과 같은 여러 가지 물리적인 바다 환경도 가입 단계까지 성장과 생존율에 영향을 줄 수 있다.

초기생활사 환경변화 영향 커

〈그림 2〉는 물고기가 태어나서 가입단계까지 동안 생존율에 영향을 줄 수 있는 여러 가지 요인들을 나타낸 것이다. 여기서 밀도독립 요인이라고 하는 것은 빛이

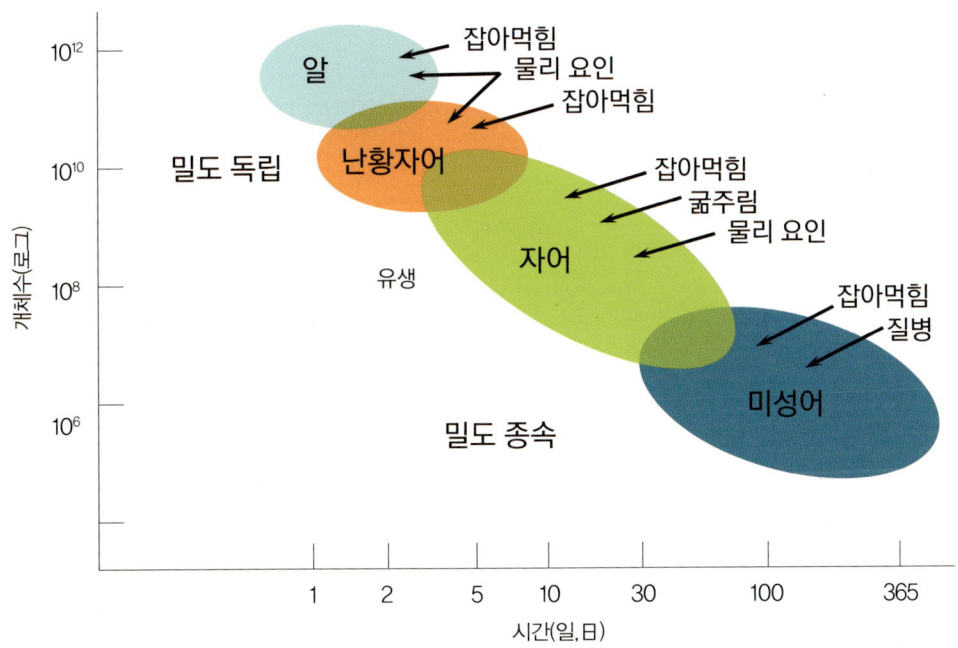

〈그림 2〉 물고기 초기생활사 단계 생존에 영향을 주는 물리, 생물 요인

나 수온처럼 물고기 밀도(개체수)가 높고 낮음에 관계없이 똑같이 영향을 받는 물리적인 요인을 말한다. 반면 밀도종속 요인은 먹이나 포식자처럼 물고기 밀도에 따라 그 받는 영향이 달라지는 굶주림이나 먹히는 것과 같은 생물학적 요인을 말한다. 알기 쉬운 보기를 들면, 운동장에 학생이 1명이 있든 10명이 있든 그 숫자에 관계없이 느끼는 온도나 태양빛 양은 같다. 그러나 운동장에 먹을 수 있는 빵이 10개만 있다면 학생 1명이 먹을 수 있는 빵 개수는 학생 수에 따라 달라져 1명일 때는 10개를, 10명일 때는 1개만 먹을 수 있다.

〈그림 2〉를 자세히 보면 〈그림 1〉에서도 설명했듯이 굶주림으로 죽는 단계는 후기 자어기 밖에 없다. 또 수온이나 해류와 같은 밀도 독립적인 물리 환경이 생존율에 크게 영향을 주는 단계는 알부터 자어까지이고, 변태를 끝낸 치어(새끼) 단계부터는 물리 환경 영향을 별로 받지 않는다는 것을 나타내고 있다. 이는 치어만 되어도 해류를 거슬러 헤엄을 쳐 살기에 적합하지 않은 장소에서 벗어나 다른 곳으로 갈 수 있기 때문이다.

그러나 초기생활사인 알부터 자어 단계에서는 헤엄칠 수 있는 능력이 미약하므로 살기에 적합하지 않은 장소에서 벗어나기 힘들다. 참고 견디어 내거나 아니면 죽어야 한다. 가령, 수온이 너무 높거나 낮으면 아주 어린 알이나 자어는 다른 곳으로 피하지 못한 채 죽겠지만, 치어나 성어는 그곳을 도망쳐 나올 수 있다.

이렇게 초기생활사 물리생물학적인 환경변화에 따라 물고기 개체군 성장속도와 사망률이 미묘하게 바뀔 수 있는데, 이 때 작은 변화라도 가입에 성공한 개체수는 풍어기와 흉어기를 비교하면 1,000배 이상 차이가 날 수도 있다. 초기생활사 동안 사망률이 매우 높고, 개체군은 기하급수적으로 증감하기 때문이다. 이 때문에 조금 잘 잡히면 '물반 고기반'이라고 했다가 조금 안 잡히면 '씨가 말랐다'고 매년 언론에서 떠드는 것이다.

국제공동 해양수산기구 설립 필요

유럽 ICES는 국제 공조를 통해서 어떤 해양 변화가 어떻게 물고기 가입을 결정하는지를 밝혀 가입량, 즉 어획고를 미리 예측할 수 있도록 지난 120년 동안 수산뿐만 아니라 해양환경도 함께 연구를 해왔다. 그러나 우리나라에서는 유독 수산과 해양이 따로 가고 있으며, 인접국가들과 수산생물 공동연구나 관리도 해오지 못하고 있다.

이번 일본 후쿠시마 방사능 오염수 문제만 해도, 국제 공조를 통한 해양수산 연구가 없다면 수산물에 대한 피해를 제대로 평가하고 대책을 마련할 수 없다. 방사능 오염수 방류로 동아시아 각국이 정치적으로 충돌하는 이 때에 해양수산부는 원칙 없이 이리저리 끌려만 다니지 말고, 유럽 ICES처럼 한·중·일·러는 물론 북한도 동참하는 국제공동 해양수산기구 설립을 먼저 제안하여, 국제수산 관리와 안전은 물론 동아시아 평화에도 기여할 수 기회로 만들면 좋을 것이다('선진국 흉내내는 TAC' 편 참고). 세계수산대학 유치에 들어가는 예산 10% 정도면 충분히 할 수 있는 일이다.

명태가 사라진 진짜 이유는?

　업무 회의나 학회를 마치고 모처럼 만난 사람들과 횟집에서 저녁 같이 먹으면 바다나 수산생물에 관한 이야기가 자연스럽게 나오곤 하는데, 옆에서 듣고 있으면 다들 우리나라 최고 수산 전문가들이라는 생각이 들 때가 한두 번이 아니다. 가령, 갈치가 잘 잡히면 어떤 사람은 인공어초 때문이라고 하고, 참조기가 잘 잡히면 해경이 중국 불법 어선을 단속을 잘했기 때문이라고 하고, 오징어가 안 잡히면 북한 해역에서 조업하는 중국어선 때문이라고 한다. 바다와 수산을 30년 이상 공부했다는 나는 이런 물고기 풍흉 원인에 대해서는 아무래도 자신이 없어서 한마디 말도 못 꺼내는데 이 분들은 거침없이 열변을 토해낸다. 그 자신감에 놀란 적이 한두 번이 아니다.

　2015년부터 우리나라 해양수산부에서 추진해온 명태 방류 사업, 그리고 이어진 명태 양식 사업은 박근혜 전 대통령뿐만 아니라 언론과 국민들로부터 큰 관심을 받았다. 나도 관심이 있어서 중앙일간지에 실린 뉴스와 칼럼을 찾아서 읽어보곤 했다. 한 칼럼에서는 명태 생태에 관해서 구체적인 수치까지 제시하면서 자세히 이야기하고, 결론은 노가리를 많이 잡아서 명태가 우리바다에서 사라졌다고 결론을 내리고 있다. 혹시 내가 아는 국내 수산학자가 쓴 글인가 궁금해서 칼럼 제일 마지막에 나오는 기고자 인적을 보니 뜻밖에 무슨 출판사 대표라고 한다. 또 다른 명태에 관한 한 칼럼에서는 기고자가 연극인이었다. 요즘 명태가 안 잡힌 이유는 노가리를 많이 잡았기 때문이라면서, '안 봐도 비디오'라는 놀라운 신공을 자랑하는 칼럼이 있어 누가 썼는지 유심히 보니 텔레비전 방송에 자주 나오는 무슨 시립과학원장이 쓴 글이었다. 바야흐로 전국민 수산 전문가 시대이다. 어떤 수산생물이 잘 잡히거나 안 잡히면 누구라도 즉석에 그 원인을 짐작하여 떠들고 신문에 기고를 할 수 있는 나라이다.

이렇게 대한민국 국민이면 누구나 수산생물 풍흉 원인에 대해서 마음껏 떠들 수 있는 자신감의 배경이 무엇인지 궁금해왔는데, 몇 년 전에 그 단서를 찾았다. 세월호 참사로 전 국민이 비통해하고 있을 때 사고 원인에 대해서 정부 발표가 나왔지만 대부분 사람들이 그 말을 믿지 않았다. 또 그전에 천안함 침몰 사건이 나

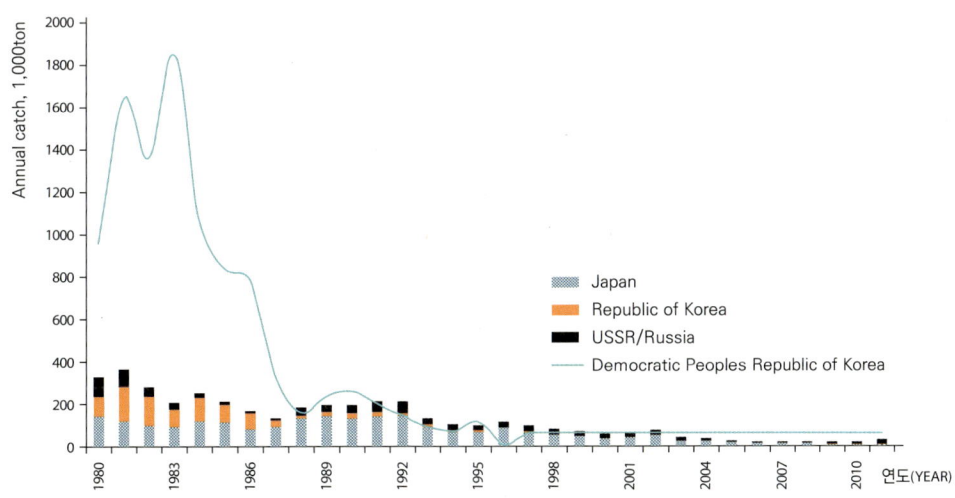

〈그림 1〉 동해 국가별 명태 연간 어획고 변동 (1980~2010년, 단위: 천 톤)
(출처: Bulatov, O. (2014) Walleye pollock: global overview. Fish Sci, 80: 109-116.)

왔을 때도 정부와 국방부 발표를 많은 사람들이 받아들이지 않았다. 잠수함 충돌설 등 온갖 음모론이 나왔고 지금도 진행형이다. 심지어는 천안함 조사 결과를 두고 정부 산하 공영방송이라는 KBS와 같은 정부 국방부 발표를 반박하고, 국방부는 다시 KBS를 반박하는 진풍경도 벌어졌다. 둘 중 하나는 거짓임이 뻔한데도, 양쪽 다 한 치도 물러서지 않은 자신감을 보이고 있다. 저런 자신감은 과연 어디에서 나올까?

천안함과 세월호 공통점은 모두 바다 속에서 일어난 사건이라는 공통점이 있다. 사람들은 바닷속을 쉽게 들어갈 수 있고 또 잘 안다고 착각하지만, 바닷속은 어둡고 들어가기 무척 힘든 곳이다. 세월호가 침몰했을 때 왜 잠수부들이 들어가서 구출하지 못했는지 사람들은 이해를 못했다. 그러나 잠수부들이 바다에 들어갈 수 있는 날이 1년에 며칠이나 되는지는 잘 알지 못한다. 헝가리 다뉴브강에서 한국인 관광객을 태운 유람선이 침몰했을 때 바다도 아닌 그 얕은 강물에서도 잠수부들이 일주일이 지나도 들어가지를 못했다. 영화나 방송에서 흔히 보는 것과는 달리 물속은 이처럼 들어가기 힘든 곳이다.

속을 볼 수 없고 들어가기도 극히 힘든 깊고 어두운 바다니 그 속에서 일어난 일에 대해서 아무 말을 해도 그것을 확인할 방법은 없고, 그래서 다들 마음대로 떠들어도 되는 것이다. 온갖 음모론을 주장해도 다 통한다. 그것을 확인할 방법이 없기 때문이다. 또 책임질 필요도 없고 책임지는 사람도 없어왔기 때문에 그냥 목소리 큰 사람이 장땡이다. 바다는 세상 모든 거짓도 품어줄 수 있기 때문이다.

사람들은 다들 바다에 대해서 잘 안다고 착각하고 있지만, 그 착각이 국가 대형 참사를 일으킬 수 있다는 것을 세월호에서 우리는 뼈저리게 깨달았다. "유야, 안다는 것이 어떤지를 가르쳐주겠다. 아는 것을 안다고 하고, 모르는 것을 모른다 함이 진정한 앎이니라"라고 공자가 2,500년 전에 말했다. 우리는 여전히 바다를 잘 모른다.

2015년 명태 살리기 프로젝트가 시작된 이유는 동해에서 명태가 사라지게 된 원인 진단부터 잘못되었기 때문이었다. 노가리를 많이 잡아서 명태 씨가 말랐다는 이야기가 30년 가까이 대한민국에서 전설 따라 삼천리로 내려오고 있는데, 이것을 뒷받침하는 대단한 과학 조사라도 있는 것 같지만, 실상을 조금 들여다보면 이 노

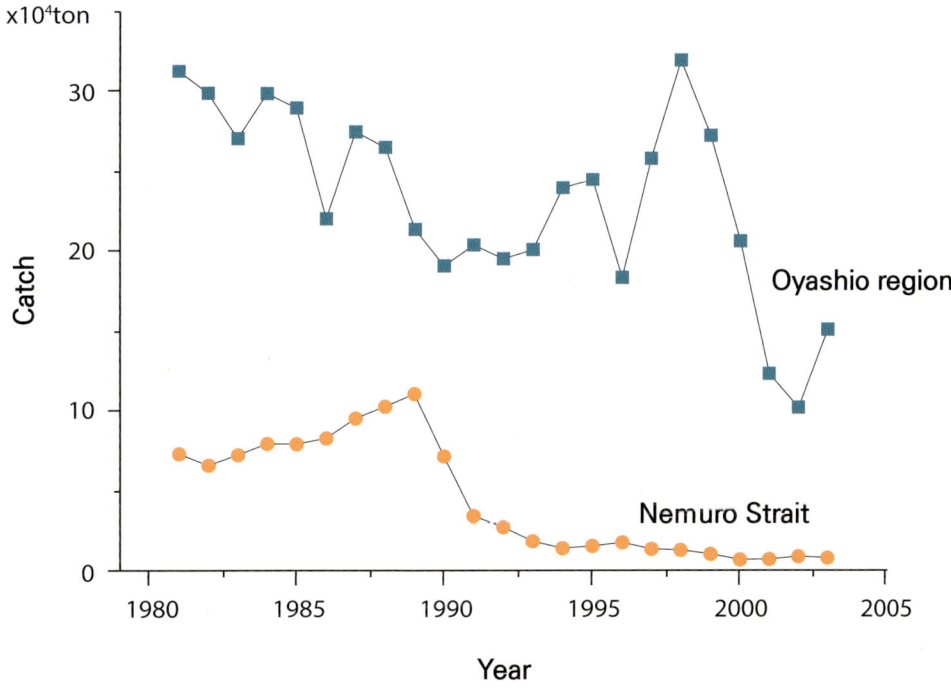

〈그림 2〉 일본 북쪽 오호츠크해 오야시오 해역(위)과 그 남쪽 홋카이도 네무로 해협(아래) 명태 어획고 변동 (단위: 만 톤) (출처: Sakurai, Y. (2007) An overview of the Oyashio ecosystem. Deep Sea Research Part II: Topical Studies in Oceanography, 54: 2526-2542)

가리 가설을 뒷받침하는 논문은 전 세계에 전무하다. 국내 논문도 없다. 연구보고서도 단 1편도 없다. 더구나 지난 호 글에서 설명했듯이 우리나라 어구어법중에서 어른 물고기는 제외하고 노가리와 같은 작고 어린 미성어만을 선택적으로 잡을 수 있는 방법은 존재하지 않는다. 노가리를 많이 잡은 것이 아니고 망목 크기를 줄였더니 노가리가 많이 잡힌 것이다. 기초 용어부터 틀렸으니 원인을 제대로 보지 못한 것이다.

명태가 많이 잡히는 시기에는 당연히 새끼 명태인 노가리도 많이 잡힐 수밖에 없다. 동해에서는 노가리를 굳이 잡을 필요가 없는 러시아 연안과 일본 연안에서도 1980년대 이후에 우리나라와 마찬가지로 명태 어획고가 줄어들었다〈그림 1〉. 우리나라 동해바다에서 1990년대 들어서 명태 어획고가 크게 줄어든 가장 큰 이유는 지구 온난화를 비롯한 기후변화라는 것이 일본이나 러시아 수산학자들이 펴낸 논문에서 이미 설명이 되어있고 우리나라에서도 관련 논문이 나와 있다.

우리나라 바다는 육지 38선처럼 아열대 어종(참조기, 갈치, 말쥐치, 정어리)과 냉수성 어종(대구, 명태, 청어) 서식지의 경계이다. 기후 변화에 따라 한 어종 서식지가 조금만 남쪽으로 내려가거나 북쪽으로 올라가도 우리나라 바다에서는 그 어종 씨가 말라 버린 것 같지만 더 남쪽으로 또는 북쪽으로 가면 여전히 많이 잡히고 있다.

명태는 1990년대 이후 서식지가 북상하기 시작했다. 따라서 우리나라 동해안뿐만 아니라 위도가 비슷한 일본 홋카이도에서도 명태 어획고가 크게 줄었고 그 북쪽인 오호츠크해에서는 오히려 늘어나는 현상이 관찰되었다〈그림 2〉. 따라서 우리나라에서 안 잡히는 명태는 지금도 동해 북단 러시아와 베링해에서는 잘 잡히고

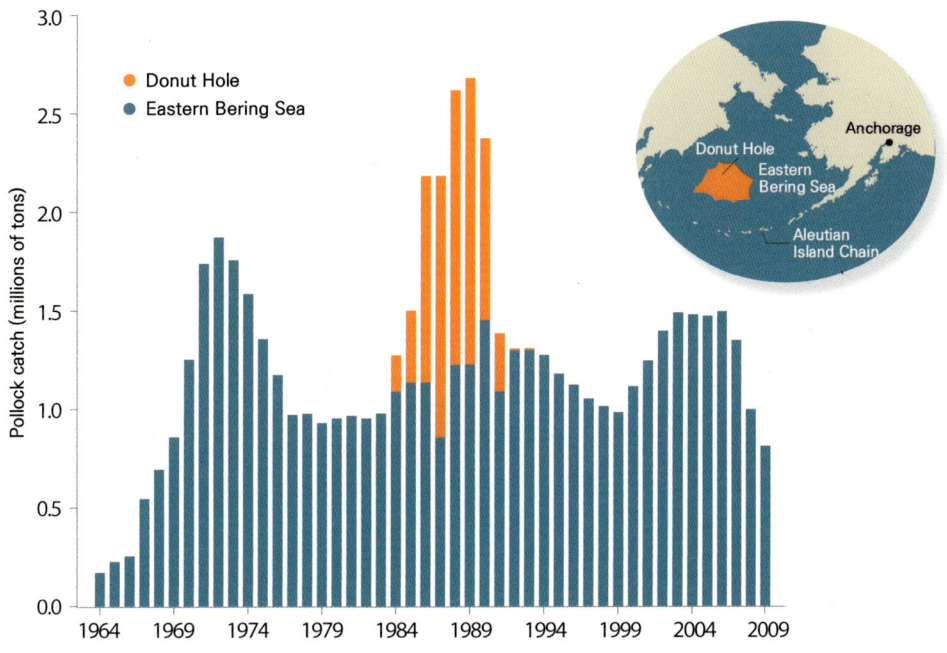

〈그림 3〉 동베링해 명태 어획고 (1964~2009, 단위 백만 톤). 빨강색 막대는 지도에 표시된 도넛홀(Donut Hole)이라고 하는 해역에서 잡은 명태 어획고를 나타내는데 한 때 우리나라 원양어업도 이 시기에는 여기서 명태를 잡을 수 있었다. 도넛홀을 제외한 동베링해 명태 어획고는 동해와는 달리 1980년대 이후에도 어획고가 급격히 줄지 않았다.
(출처: Morell, V. (2009) Can Science Keep Alaska's Bering Sea Pollock Fishery Healthy? Science, 326: 1340-1341)

있다〈그림 3〉. 미국 수산학자에게 들은 이야기로는 지구온난화로 명태 서식지가 최근에는 베링해에서 북극해로도 계속 북상중이라는 추세라고 한다.

물론 해양수산부에서도 명태 방류 사업을 하면서 이 기후변화 가설을 검토했다. 그러나 기후변화 가설이 일찌감치 배제된 이유 중 하나는 1990년대를 전후해서 강원도 고성 앞바다 수온 변화가 그렇게 크지 않았다는 점이었다. 그러나 이것은 성급한 유추와 결론이었다. 같은 동해라도 북한 앞바다와 남한 앞바다 수온 변화가 같을 것이라는 막연한 가정을 하였는데 수심 100~200미터 온도를 보면 고성 앞바다에서는 1990년대 이후 큰 수온 변화가 없었으나 북한 해역인 함흥과 명

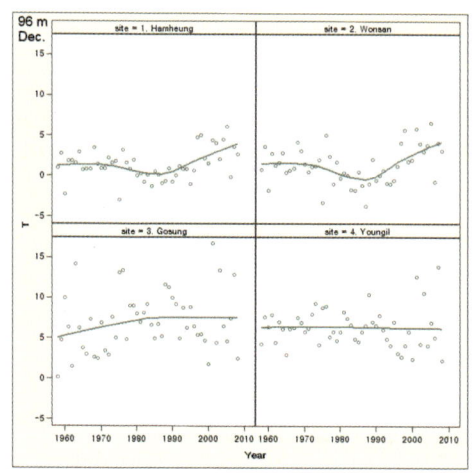 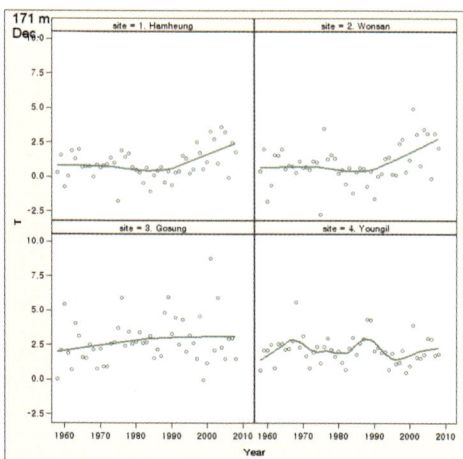

〈그림 4〉 자료동화 해수순환모형으로 추정한 동해 저층 수온 변화 (1958-2008). 왼쪽 96 m 수심. 오른쪽 171 m 수심. 1. 함흥, 2. 원산(명태 주산란장), 3. 고흥, 4. 영일. 모형
(출처: Carton, J.A., Chepurin, G., Cao, X. and Giese, B. (2000) A simple ocean data assimilation analysis of the global upper ocean 1950-95. Part I: Methodology. J Phys Oceanogr, 30: 294-309)

태 주산란장인 원산 앞바다에서는 수온이 크게 3℃ 이상 상승하였고, 반대로 동해 남단인 영일만의 경우 오히려 2℃ 가량 내려갔다〈그림 4〉. 동해안 저층 수온 변화가 남북으로 서로 반대되는 경향을 보여준 셈이다.

동해 남쪽에서는 저층 수온이 오히려 내려가 1990년대 이후 아열대어종인 말쥐치 서식처가 동중국해쪽으로 수축되어버렸고, 대신 냉수성 어종인 대구와 청어가 동해남부와 남해안에서 많이 잡히게 되었다. 반대로 북한 앞바다에서는 저층 수온이 급격히 올라가서 냉수성 어종인 명태가 더 이상 서식하기 힘들어졌던 것이다. 즉 기후변화에 따른 명태 서식지 북상이 명태 어획고 격감의 주요 원인이었는데 해양수산부에서는 더 치밀한 검토 없이 너무 성급하게 결론을 내어, 노가리를 키워 방류하면 명태가 돌아올 것이라 믿었던 것이다.

해양수산부에서도 이 명태 복원 사업이 잘 안될 것으로 깨달았는지 몰라도 중간에 갑자기 명태 양식으로 사업 방향을 바꾸었다. '세계 최초 명태 완전양식 성공'이라면서 언론에서 크게 보도하고 정부로부터 상을 받은 것으로 알고 있다.

그러나 빠진 말이 있다. 전 세계에서 명태를 가공하지 않은 채 즐겨 먹는 나라는 남북한밖에 없다. 물론 일본에서도 명태 알은 좋아한다고 하지만 이것도 일제 강점기에 우리나라 부산에서 넘어간 음식문화이다. 다른 나라에서는 명태 양식에 아예 관심이 없다는데 세계 최초가 무슨 의미가 있는가? 언론에서나 크게 떠들었지만 수산전문가들에게 보이는 것은 해양수산부의 놀라운 포장 능력밖에 없다. 명태 완전양식을 일구어낸 연구자들의 노력은 제대로 평가받아야 마땅하나 명태 실내 양식에 필요한 차가운 심해수를 끌어올리는데 드는 비용을 생각하면 경제성 문제를 해결하여 우리 식탁에 오르기까지는 첩첩산중 난관이 앞에 놓여있다는 사실부터 제대로 알려야 했다. 더구나 전 세계인이 즐겨 먹는 연어나 새우류와는 달리 명태는 우리나라 사람밖에 먹지 않아 잘해야 내수용밖에 되지 않는다. 심지어는 넙치 양식도 요즘 어렵다고 한다.

과학이나 사회는 시행착오를 통해 발전해가는 것이기 때문에 이런 명태 방류와 양식은 실험으로서 얼마든지 할 수 있으며 거기서 교훈을 얻고 새로운 사업을 계획하면 큰 문제될 것은 없다.

그러나 이 실패한 명태 방류 사업에서 교훈도 못 배우고 똑같은 오류를 그대로 반복하고 있다. 북한 해역에서 어쩌다가 남쪽으로 흘러와 소량으로 잡히는 명태를 보호하겠다고 해양수산부에서 포획금지라는 규제를 시작해서 강원도 어업인들이 다른 물고기도 제대로 못잡아 생계를 위협 받고 있다고 한다. 방류한 명태를 보호하겠다는 취지로 계획한 것이 명태 포획 금지였는데, 잡히지도 않는 명태를 포획

금지하겠다고 하니 기가 찬다.

해양수산부는 명태 복원 사업 이전에 명태에 관한 기초 과학연구부터 충실히 하도록 하고 관련 수산 전문가들 의견을 경청하여 고위공무원들 홍보와 선전 도구로 전락한 명태를 시일이 걸리더라도 천천히 제대로 된 과학으로 평가 관리하고 소비할 수 있도록 해야할 것이다.

어업인들 생계를 돕지는 못할망정 지역 수산업을 고사시키려는 명태 포획금지와 같은 실효성 없는 규제는 다시 검토해주었으면 좋겠다.

수산전문가들은 구체적인 조사 결과를 가지고 이야기해야지, 일반인이나 공무원들을 대상으로 전해 내려오는 카더라류의 전설이나 경험에서 오는 감(感)으로 의견을 함부로 내어서는 안 될 것이다. 잘 모르면 그냥 잘 모르겠다고 하면 된다.

그 많던 쥐치는 다 어디로 갔을까?

'명태가 사라진 진짜 이유는?' 편에서는 우리 동해에서 명태가 사라진 주된 이유가 노가리를 많이 잡았기 때문이 아니라 지구 온난화에 따른 바다 수온 상승 때문이라고 설명을 했다.

명태와 비슷한 시기에 많이 잡혔다가 사라진 또 다른 물고기로 말쥐치가 있다. 말쥐치는 1970년대 말부터 쥐포로 가공할 수 있는 기술이 개발되면서 지금까지도 맥줏집 인기 안주 자리를 지키고 있다. 그러나 1990년대 들어 우리나라에서는 제주도 부근을 제외하면 말쥐치가 거의 잡히지 않아 말쥐치를 동남아시아에서 수입하고 있다.

명태와 마찬가지로 말쥐치가 사라진 원인을 두고도 우리나라 연근해 대형트롤어업이 마구잡이로 남획했기 때문이라는 출처 불명 '카더라'류 전설이 30년 가령 전해 내려오고 있다. 하지만, 이를 뒷받침하는 연구 논문이나 보고서는 없다.

명태, 말쥐치 다음으로 우리 바다에서 사라진 정어리도 마찬가지다. 한 때 연간 약 20만 톤까지 잡혔던 정어리 자원을 보호한다고 1999년 해양수산부에서 총허용어획량(TAC) 제도 대상 어종으로 포함하자 곧 이듬해부터 어획고가 크게 줄어들다가 2005년 이후로는 거의 잡히지 않았다. 2000년 들어서 기후변화가 세계적으로 잘 알려졌기 때문인지는 몰라도 이번에는 정어리를 너무 많이 잡아서 씨가 말랐다는 '카더라'류 이야기는 별로 나오지 않았다.

떠난 쥐치, 돌아온 대구

한 어종이 사라지면 다른 어종이 나타나게 마련이다. 명태, 말쥐치, 정어리가 사라지자 대신 살오징어, 대구, 청어가 돌아왔다. 이렇게 잡는 어업 대표 어종이 교체되는 원인은 무엇일까?

기후변화와 수산생물 변동 관계에 대한 구체적인 과학지식이 없었던 1970년대 이전에는 어떤 어종 어획고가 갑자기 줄어들면 그 원인으로 일단 남획을 지목했다. 그러나 20세기 후반 들어 인공위성을 통해서 지구 표면 전체를 한꺼번에 볼 수

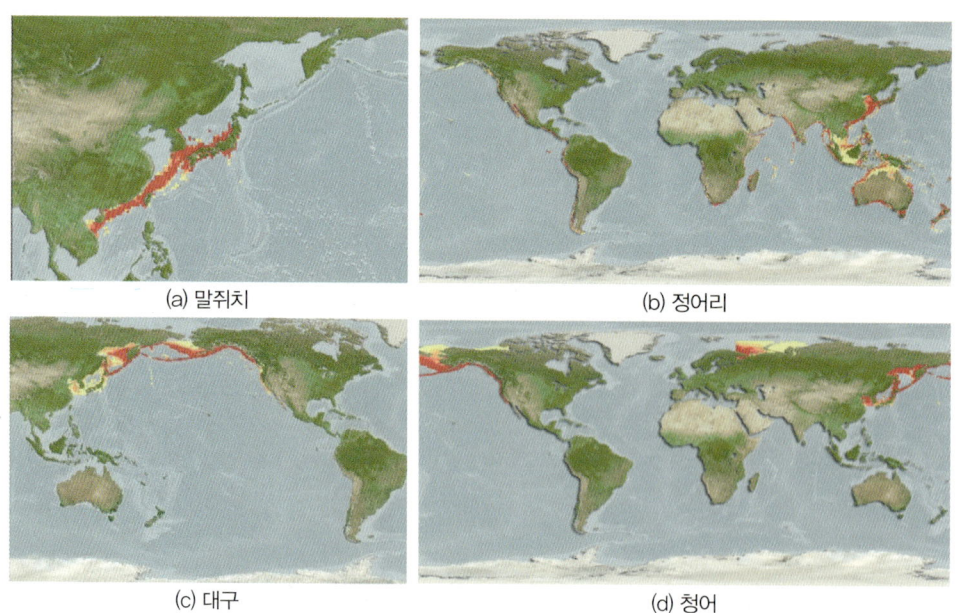

(a) 말쥐치   (b) 정어리

(c) 대구   (d) 청어

〈그림 1〉 아열대종(a), (b)과 냉수성 어종(c), (d) 세계 서식지 분포. (출처 : FishBase.org)

있고 세계를 동시에 연결하는 정보통신 기술이 크게 보급되면서 과학자들은 기후변화가 어업에 미치는 영향을 큰 시각에서 구체적으로 평가할 수 있게 됐다. 그러나 아직도 우리나라 많은 수산 관련 연구자들이나 정책 담당 공무원들은 우리나라 특정지역 앞바다만 좁게 보고 있다. 적어도 명태만 하더라도 동해 전체를 봐야할 텐데 강원도 고성 앞바다만 바라보고 있었다.

그럼 우리나라 바다에서 떠난 말쥐치와 정어리, 그리고 새로 돌아온 대구와 청어를 지구 전체 차원에서 한 번 살펴보자. 〈그림1〉은 말쥐치, 정어리, 대구, 청어 등 4가지 어종 서식지를 보여주고 있다. 물론 불확실성은 있겠지만 확실한 것은 그림 위쪽에 있는 말쥐치와 정어리는 그 주서식지가 남서쪽 동중국해와 남중국해로 아열대 어종이라는 것이다. 반대로 그림 아래쪽에 있는 대구와 청어는 그 주서식지가 동북쪽 오호츠크, 베링해로 냉수성 어종임을 알 수 있다. 더 중요한 것은 우리나라 바다는 아열대 어종 서식지 북방 한계선이고 냉수성 어종 서식지 남방 한계선이라는 점이다. 육지에 비무장 지대인 38선이 있듯이, 우리나라 바다에는 아열대와 냉수성 어종이 서로 첨예하게 만나는 경계수역이 있는 셈이다.

기후변화에 따라 한 어종 서식지가 조금만 남쪽으로 내려가거나 북쪽으로 올라가도 우리나라 바다에서는 그 어종 씨가 말라 버린 것 같지만 그 남쪽, 또는 그 북쪽으로 가면 여전히 그 어종들은 많이 잡히고 있다.

생태계 체제변이가 가져온 것

〈그림2〉는 1926년부터 2018년까지 이 네 어종의 연간 국내 어획고를 나타낸 것이다. 1945년 해방 전 어획고는 남북한을 모두 합친 것이고, 그 이후에는 남한 어

획고만 포함시켰다. 일제강점기였던 1930년대에는 남북한 모두 정어리와 대구, 청어를 많이 잡았음을 짐작할 수 있다.

6.25 전쟁이 끝난 1953년 이후 이 네 어종 모두 남한에서는 적게 잡혔다. 아열대 어종인 말쥐치와 정어리는 1980년대에 한 때 많이 잡히다가 어느 순간부터 거의 안 잡히고 있다. 대신 2000년대 전후로 냉수성 어종인 대구와 청어 어획고가 크게 증가해 지금까지 많이 잡히고 있다.

이렇게 1990년대 이후 대표 어종 교체가 일어난 가장 큰 원인은 쓰시마 난류해역 변화 때문으로 보이는데 1988~1989년 북태평양 전체 해양생태계에서 일어났

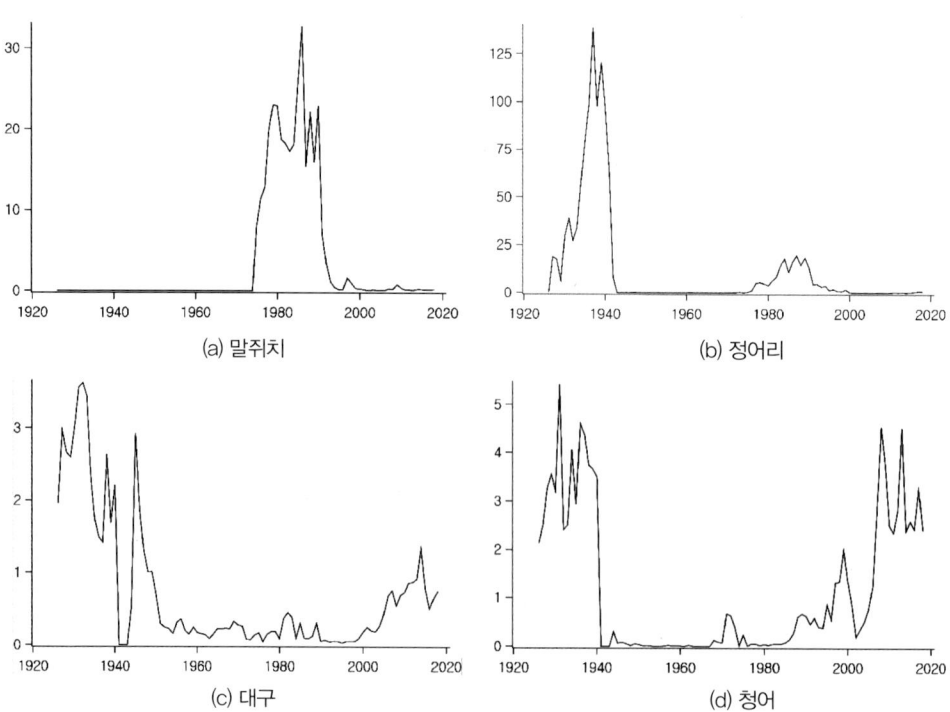

〈그림 2〉 우리나라 대표 아열대종(a), (b)과 냉수성 어종(c), (d) 연간 어획고 (1926-2018, 단위: 만 톤)

던 광범위한 기후변동으로 세계적으로 잘 연구된 주제이다.

이 1988~1989년 생태계 체제변이 이후 우리나라 바다 표층은 동·서·남해를 가리지 않고 갑자기 수온이 상승했다. 그러나 100m 이하 깊은 저층 수온은 이야기가 달라진다. 동해 북한 연안 저층 수온은 올라갔으나 울릉분지로 대표되는 동해 남쪽에서는 오히려 저층 수온이 내려가 1989년 이후 아열대어종인 말쥐치 서식처가 동중국해쪽으로 수축돼버렸다('명태가 사라진 진짜 이유는?' 편 참고).

1989년에 갑자기 말쥐치 어획량이 줄기 시작하자 부산지역 트롤어업 종사자들은 그 이유를 몰라 어리둥절해했다. 대신 1990년대 말부터 냉수성 어종인 대구와 청어가 동해 남부와 남해안에서 대량으로 잡히기 시작했다. 이를 알기 쉽게 나타낸 개요도가 〈그림3〉이다.

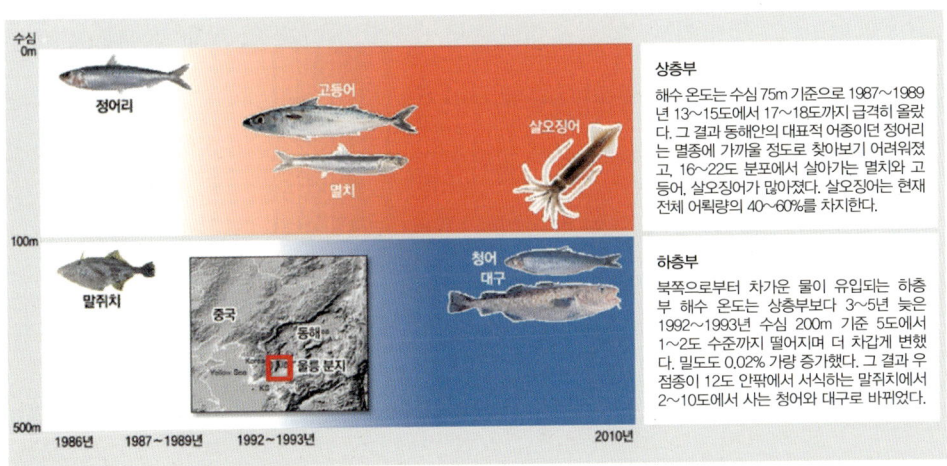

〈그림 3〉 울릉분지로 대표되는 우리나라 쓰시마 난류 해역(동해, 남해) 수심 별 수온 변화에 따른 대표 어종 교체 (1986~2010)
(출처: 동아일보 2014.3.7, Jung, S. (2014) Asynchronous responses of fish assemblages to climate-driven ocean regime shifts between the upper and deep layer in the Ulleung Basin of the East Sea from 1986 to 2010. Ocean Science Journal, 49: 1-10.)

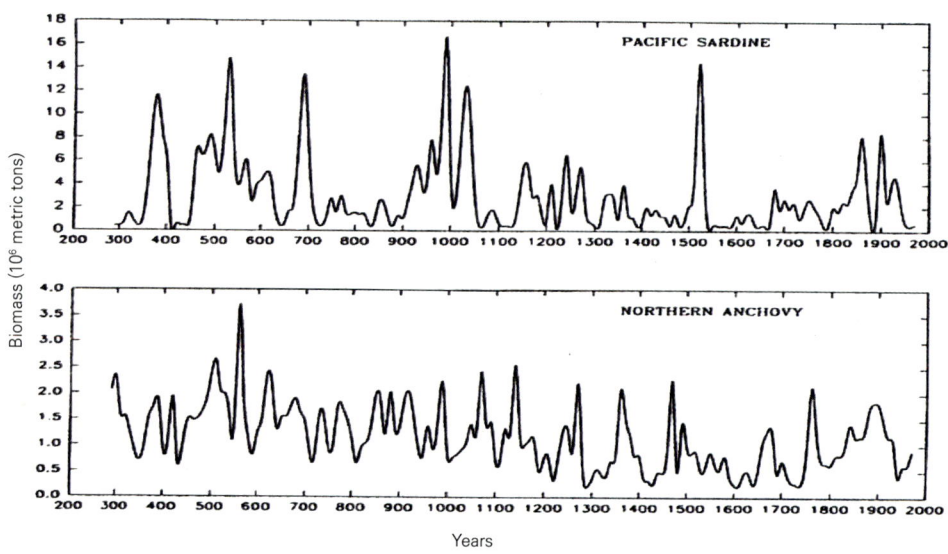

〈그림 4〉 해저에 쌓인 비늘로 추정한 미국 캘리포니아 앞바다 정어리와 멸치 개체 수 변동 (기원후 300~2000년)
(출처: Baumgartner, T.R., A. Soutar, and V. Ferreira-Bartrina, Reconstruction of the history of Pacific sardine and Northern anchovy populations over the past two millennia from sediments of the Santa Barbara basin, California. CalCOFI Rep., 1992. 33: p. 24-40.)

아열대어종인 정어리는 주로 표층과 중층에 서식한다고 알려져 있는데 표층 수온이 상승했는데도 우리나라 바다에서 사라지고 남쪽으로 내려간 이유는 아직 명확하지 않지만 최근 일본학자들은 멸치와의 경쟁 관계에서 밀렸기 때문이라고 분석하기도 한다. 더 확실한 것은 정어리가 우리나라 일본 연안에서 사라진 이유는 남획과 같은 어업 이유가 아니라 기후변화와 같은 자연환경 변화 때문이라는 것을 증명하는 증거들은 1990년대 이후 매우 많다.

남획이 원인?

1950년대 들어 미국 캘리포니아 앞바다에서 정어리 어획고가 폭락해 지역 수산업이 도산하는 큰 경제충격을 받자 그 원인으로 남획을 지목하고 정어리 어업을 전면 금지시키기도 했다. 하지만 1990년대 바다 퇴적물에 쌓인 비늘로 정어리 양이 지난 2,000년 동안 어떻게 변동했는지 조사해본 결과 어획과 관계없이 약 60년 주기로 정어리와 멸치 개체수가 크게 늘었다가 줄어드는 풍흉을 반복했음을 알게 됐다〈그림4〉.

최근, 일본에서도 이 정어리와 멸치 풍흉 교체가 일본 앞바다에서도 지난 3,000년 동안 일어났다는 연구 결과를 발표하기도 했다〈그림5〉. 2,000년 전부터 북미 인디언들이 정어리를 남획했을 리가 만무하고, 일본에서도 근대 어업이 들어오기 전에 정어리를 남획했다고 보기 힘들지만 지난 2,000~3,000년 동안 갑자기 나타났다가 사라지는 것을 몇십 년 주기로 반복했다는 것이다. 즉 정어리가 많이 잡히고 안 잡히는 이유는 인간의 어업활동과는 큰 관계가 없는 자연적인 변동이라는 것이다.

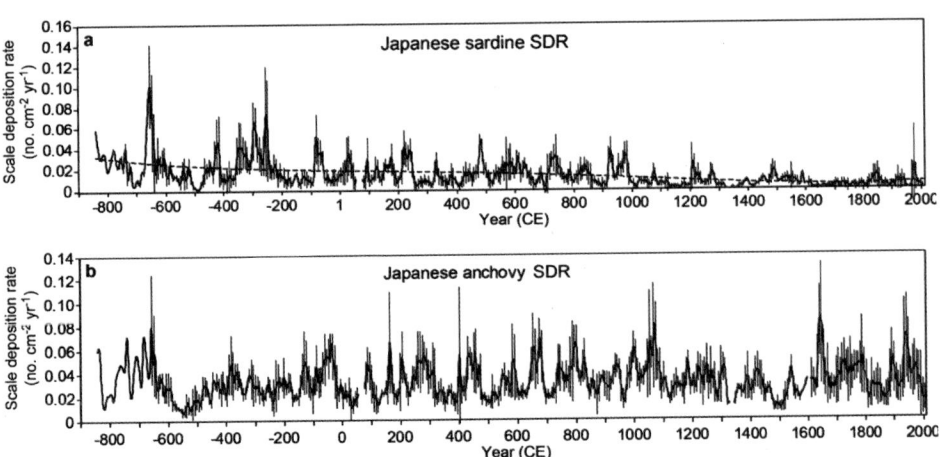

〈그림 5〉 해저에 쌓인 비늘로 추정한 일본 태평양 연안 정어리와 멸치 개체수 변동 (기원전 900-기원후 2000년)
(출처: Kuwae, M., Yamamoto, M., Sagawa, T., Ikehara, K., Irino, T., Takemura, K., Takeoka, H., Sugimoto, T., 2017. Multidecadal, centennial, and millennial variability in sardine and anchovy abundances in the western North Pacific and climate-fish linkages during the late Holocene. Prog. Oceanogr. 159, 86-98.)

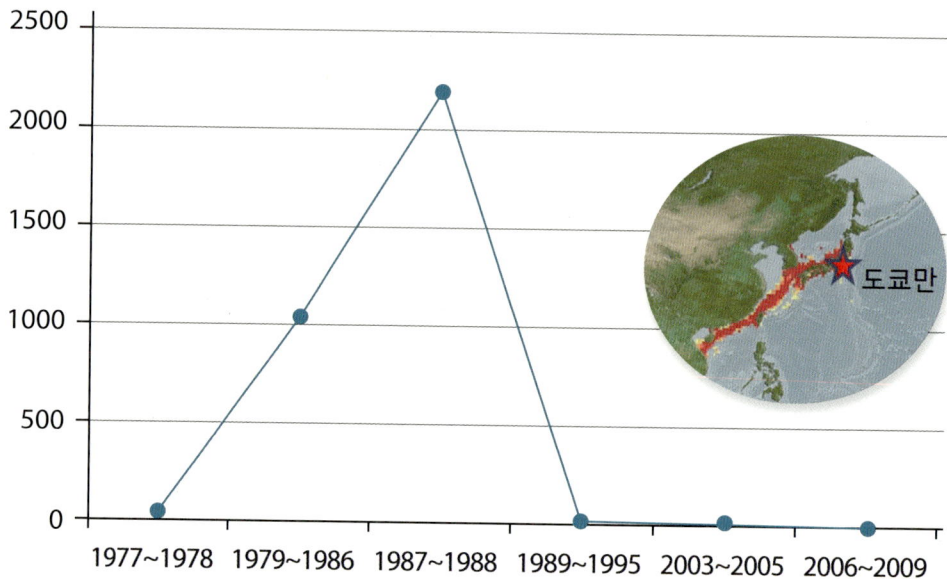

〈그림 6〉 일본 도쿄만 말쥐치 개체수 밀도 (km-2) 변동 (1977~2009)
(출처: 일본 환경청 K. Kodama 박사, 출처: Kodama, K., Oyama, M., Lee, J.-H., Kume, G., Yamaguchi, A., Shibata, Y., Shiraishi, H., Morita, M., Shimizu, M., and Horiguchi, T., "Drastic and synchronous changes in megabenthic community structure concurrent with environmental variations in a eutrophic coastal bay," Progress in Oceanography, Vol. 87, No. 1-4, pp. 157-167 (2010).)

말쥐치가 사라진 이유

　말쥐치가 갑자기 줄어든 이유도 마찬가지로 국내 일부 수산학자들은 막연히 남획을 그 원인으로 꼽아왔다. 그러나, 남획 때문에 말쥐치 가입이 줄어들었다는 것을 정량적으로 분석한 관련 연구 논문은 전무해 이런 남획 가설을 직접 검토할 수도 없다.

　한편, 말쥐치에 대한 어획강도가 우리나라와 비교했을 때 그렇게 높지 않다고 볼 수 있는 일본 태평양 연안인 도쿄만에서도 1979~1988년에는 말쥐치가 우점(優占)했으나, 1989년 이후 거의 사라졌다고 보고했다〈그림6〉. 일본에서는 낚시로 소량 어획된 말쥐치를 횟집에서 팔기도 하지만 우리나라처럼 트롤로 잡지 않는데

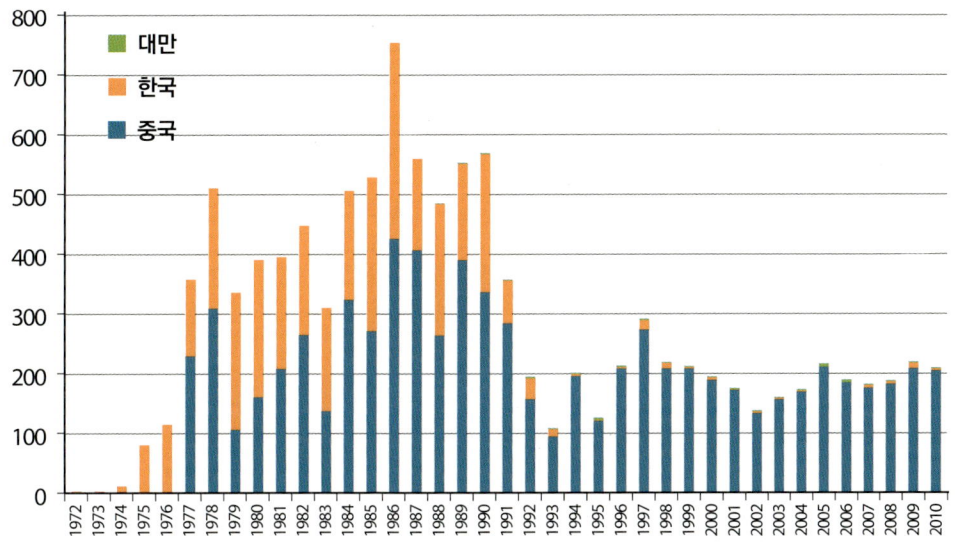

〈그림 7〉 한국, 중국, 대만 쥐치과 연간 어획고(단위: 천 톤, 1972~2010) (출처: FAO)

도 말이다.

　세계식량기구(FAO) 쥐치 어획량 통계를 보면〈그림7〉 우리나라와 중국이 어획량 대부분을 차지하고 대만에서 소량을 보고해오고 있는데, 우리나라에서는 1990년 이후 어획고가 크게 감소했으나 중국에서는 1984~1991년 기간에 30만 톤 수준을 보이다가 1992~1995년 10만 톤 수준까지 큰 폭으로 줄었다. 그러다가 다시 1996년 이후로는 약 20만 톤 내외의 어획고를 유지하고 있다. 즉, 우리나라 동·남해와는 달리 남·동중국해에서는 중국 어선에 의한 말쥐치 어획이 1990년대 이후에도 활발히 지속되고 있는 것으로 보인다.

　만약 우리나라 주변해역에서 말쥐치 어획고가 줄어든 중요한 이유가 남획 때문이었다고 한다면 1990년대 이후 중국 측 말쥐치 어획고도 크게 줄어들었을 것이고, 남획이 일어났다고 보기 힘든 일본 도쿄만에서는 적어도 말쥐치가 1990년 이

전 수준은 유지하고 있어야 할 것이다. 그러나 우리가 보아온 현상은 이런 남획 가설에 따른 기대와는 정반대이다. 즉, 중국 측 말쥐치 FAO 어획고 통계자료를 보면 1990년대 이후 어획량은 이전에 비교해서 약간 줄긴했지만 여전히 지속적인 어업이 이뤄지고 있다. 오히려 어업강도가 훨씬 낮을 것으로 보는 일본 도쿄만에서는 우리나라 동·남해와 똑 같이 1990년대 이후 말쥐치가 거의 사라졌다.

남·동중국해, 대한해협, 동해, 류큐 열도에서 홋카이도까지 일본 연안을 따라 분포하는 것을 감안한다면 1990년 이후 우리나라와 일본 연안에서 말쥐치가 크게 줄어든 것은 한 때 동해 북쪽까지 이르렀던 그 분포범위가 1990년대 이후 서남쪽으로 수축되었음을 보여주고 있다.

명태 살리기 쇼

이렇게 기후변화와 같은 바다 환경 변화 때문에 해양생태계가 크게 변해왔지만 관련 연구가 부족하고 정책 담당자들 또한 무엇이 잘못되어 가고 있는지 잘 모른다. 대표적인 것이 '명태 살리기 프로젝트'와 '명태 양식'이라는 '쇼'였다. 기후변화를 애써 무시하고 진단을 제대로 못해 인공어초니 바다숲 조성 같은 정책만 내놓고 연 수천 억 원대의 막대한 예산을 쏟아 부었음에도 과거 정책과 사업에 대한 평가와 반성 없이 '수산혁신 2030'이니 하는 겉만 번지르르한 구호나 선전하고 있다.

나는 수산분야 연구자나 정책 담당자들의 폐쇄성이 가장 큰 문제라고 본다. 수산 연구자들이나 정책 담당자들은 국내 해양학자들이나 국외 해양수산 분야 연구자들과 교류를 잘 하지 않아 우물 안 개구리에 머물러왔다. 지금도 해양수산부에서는 한 지붕 아래 두 가족, 즉 '해양'과 '수산'이 따로 지내고 있다. 일부 행정직 공무원들이야 해외 출장 가면 골프나 치고 돌아오는지 모르겠지만 대부분 연구자에게 이런 국제학회 참석과 활동은 눈을 넓히고 세계 연구 추세를 따라가기에 필수적인데도 유독 수산분야만 국제학회 활동을 장려하지 않고 오히려 막고 있다.

우리나라 해양수산부에 해당하는 미국 해양대기청(NOAA)은 수산업을 위주로 모든 것이 돌아가고 있는데, 우리나라는 수산물을 훨씬 더 많이 소비하면서도 수산은 뒷전이고, 농업과 해양에 밀리고 있다.

우리나라 해양수산 정책에서 수산이 제 자리를 찾고 제 몫을 하기 위해서는 우선 마음을 열고 눈을 넓혀 세계를 보려고 하는 것이 그 첫걸음이라고 할 수 있다. 고성 앞바다만 바라본다고 명태가 돌아오는 것이 아니다.

연평도 조기 파시,
다시 볼 수 있을까?

 파시(波市)는 바다 섬이나 연안 포구에서 물고기가 많이 잡히는 시기에 전국에서 모여든 어선 어민들과 상인, 접객업자들이 이루는 어시장이었다. 계절에 따라 대상 어종 어장이 남북으로 이동하면 어선과 접객업자, 상인들도 따라 이동하고 어기가 지나면 조용한 마을로 되돌아갔다. 지금은 연안 육지 시장 일대를 합친 어촌취락을 통틀어 파시라고 하는 경우가 많다.

 옛날에는 파시평(波市坪)이라고도 했는데 조선왕조실록 세종실록 지리지 영광군편에 첫 기록이 나온다. 봄과 여름 사이에 여러 곳에서 온 어선들이 그물로 조기를 잡아 팔았으며, 관청에서는 세금을 거두었다고 기록하고 있다. 전라남도 영광 앞 칠산바다에는 19세기 한 때 전국에서 온 수천 척 배들이 모여 들어 팔도에서 모두 먹을만큼 조기를 잡았다고 한다. 파시는 주로 서해안을 따라 있었는데 흑산도 예리, 자은도 고장리, 임자도 재원리, 비금도 신원리, 위도, 칠산바다, 연평도, 어청도, 용호도 파시가 유명했다.

인문학에서 바라본 참조기

 수산학은 자연과학의 한 분야지만, 물고기를 둘러싸고 세계 공통으로 문화가 발달해왔다. 수산생물은 특히 우리나라 사람들에게는 친숙한 모양이다. 역사와 문화에서 대구가 서양을 대표하는 물고기라면 우리나라는 뭐니 뭐니 해도 굴비 재료인 참조기다.

참조기(*Larimichthys polyactis*)는 민어과(Sciaenidae)에 속하는 어종으로 전 세계에 비슷한 종들이 분포한다. 미국 유학시절 1996년 처음으로 체사피크만에서 연구선을 타고 나가 중층트롤로 대서양조기(*Micropogonias undulatus*)를 처음 잡아본 적이 있는데, 우리나라 조기와 마찬가지로 꿀꿀하고 우는 것이 신기하기도 했다. 저서어류라서 갑자기 잡혀 올라오면 부레 압력 차이로 기절을 하기도 한다. 우리나라 바다에서도 부세, 수조기, 백조기와 같은 비슷한 종이 있는 것처럼, 미국 대서양에도 조기와 비슷한 어종들이 여럿 있어 흔들리는 배 위에서 바로 분류하기가 어려웠다. 꼬리 모양을 보고 구분하는 것이 가장 쉬운 분류법이라는 것을 그 때 체득했다.

당시 우리나라 굴비 큰 것은 명절을 앞두고 백화점에서 한 마리 30만 원 가까이 한다고 했더니, 당시 지도교수는 대서양조기를 한국으로 수출해보면 돈을 크게 벌 수 있을 것이라고 농담을 했다. 대서양조기를 낚시로 잡아 집에서 회로 먹어본 적이 있었는데 다들 맛있다고 했다.

이 무렵 우리나라에서는 전 국립해양박물관장 주강현 박사가 1998년에 '조기에 관한 명상'을 펴냈다. 이 책은 올해 '조기 평전'이라는 책으로 새로 펴내 인문학에서 바라본 우리나라 참조기 역사와 문화를 다시 다루고 있다. 책 마지막에서는 황해에서 거의 사라진 조기와 파시로 대표되는 관련 문화유산을 안타깝게 여기면서 그 원인이 무엇인지 남획과 기후변화를 간략히 언급하고 있다.

황해서 참조기가 사라진 원인

그럼 수산학에서 보았을 때 황해에서 참조기가 사라진 원인은 무엇이며, 과연 조기가 다시 돌아와 연평도 파시를 다시 볼 수 있을지 한번 살펴보도록 하자. 여러 가지 어려움이 있다. 무엇보다 우리나라 해양수산부와 국립수산과학원에서는 참조기 관련 어획 자료를 국가기밀로 여기기 때문에 관련 자료도 구하기 힘들뿐더러 학술 논문도 별로 나와 있지 않다. 국제학술지를 뒤져봐도 참조기 생태와 어획고 변동에 관해 우리나라 수산학자들이 펴낸 논문은 내가 석사 마치고 우연히 구한 참조기 국내 어획고 자료를 가지고 25년 전쯤 게재한 논문을 제외하면 눈에 띄는 것이 없다. 반면 지난 30년 동안 중국에서는 칭다오 황해수산연구소를 필두로 참조기에 관한 국제 논문을 꾸준히 발표해오고 있다.

공개도 안하고 논문으로도 발표하지도 않을 자료라면 왜 국민 세금 들여 수집하고 꼭꼭 보관하는지 그 사연은 참으로 종잡기 힘들다. 그럼에도 25년이 지나 여기저기서 어렵게 구한 출처불명에 불확실한 국내 어업 자료를 토대로, 또 최근 중국 연구성과를 가지고 과연 황해에서 참조기가 사라졌는지, 만약 사라졌다면 그 원인은 무엇인지 한번 되짚어보도록 하자. 결론부터 말하면 황해 참조기와 어업은 지난 100년 동안 다음과 같은 큰 변화를 겪은 것으로 짐작한다.

1. 서식지가 남쪽으로 내려갔다.
2. 영세적인 연안어업에서 현대화된 근해어업으로 바뀌었다.
3. 주어기가 산란기 무렵인 봄여름에서 월동기 무렵인 가을겨울로 바뀌었다.
4. 가깝고 얕은 연안 산란장에서 깊은 황해 중간 월동장으로 주조업 구역이 바뀌었다.

참조기 밀도 분산

〈그림 1〉은 황해 지형도이다. 등고선은 수심(m)을 나타내는데 참조기가 주로 서식하는 50~100m 수심 해역은 빨강색으로 표시했다. 황해 최대 수심은 국내 해양학자들은 남쪽 홍도 부근 105m라고 하고, 위키피디아에서는 북쪽 발해만 중간 152m라고 한다. 가서 직접 재어보지 않는 한 어느 것이 옳은지는 확인하기 힘드

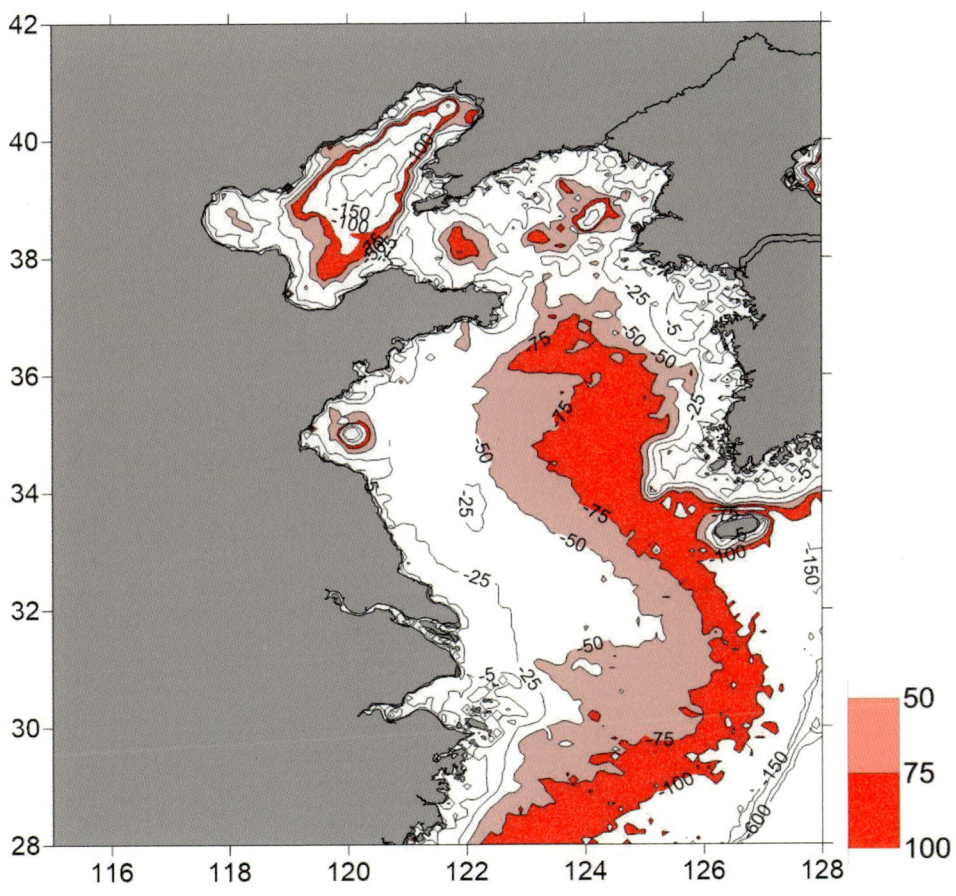

〈그림 1〉 황해 지형도. 참조기가 주로 서식할 것으로 추정되는 깊이. 50~100m 해역은 빨강색으로 표시했다.

나, 〈그림 1〉은 미국 해양대기국 위성관측자료(ETOPO2)로 그린 것이다.

황해 표층 수온은 2월에 가장 낮고 점차 올라가 8월에 가장 높아졌다가 다시 내려간다. 그러나 지도에서 빨강색으로 표시한 깊은 곳에서는 황해저층냉수라고 하는 차가운 물이 수축과 확장을 반복한다. 이 황해저층냉수는 육지나 표층과는 달리 4월부터 수온이 올라가면서 참조기가 연안 산란장으로 이동한다. 저층냉수 수온은 12월에 가장 높아지고 이듬해 2~4월에 가장 낮아진다.

25년 전 'Fisheries Oceanography'라는 당시 갓 생긴 국제학술지에 실린 내 논문에서는 약 75m 깊이에서 이 황해저층냉수 수온이 높을수록 1년 뒤 참조기 어획고가 더 많아지는 경향이 있다는 것을 1970~1988년 자료를 가지고 감지해내었다. 1980년부터 우리나라 참조기 어획고는 꾸준히 줄어들어 1988년은 가장 낮았는데 그 뒤 다시 늘었다〈그림 2〉.

그 뒤 20년가량 지나 국립수산과학원 남서해수산연구소에서 2014년 한국수산과학회지에 실린 논문에서 이 황해저층냉수가 남서쪽으로 확장될수록 참조기 어장 공간 범위가 넓어지고 참조기 밀도가 분산되므로 결국 참조기 어획고가 줄어드는 경향이 있다는 것을 1985~2010년 어획고 자료를 가지고 감지를 해내었다(임유나 등 2014). 황해저층냉수가 수축될수록, 다른 말로는 저층수온이 올라가 참조기 공간 분포가 수축되어 참조기 밀도가 높아질수록 어획고가 늘어난다는 것은 내 논문 결과와 일치한다. 저층수온이 높아질수록 참조기 어획고가 늘어나는 경향은 중국 논문에서도 확인해주고 있다(Lin et al. 2011 등).

또 중국쪽 황해에서는 표층수온이 높아질수록 참조기 성숙체장이 줄어드는 경향이 있다고 발표를 했다(Li et al. 2011). 좀 이상한 건, 중국 젊은 연구자들은 참조기 논문 쓰면서 1997년 내 논문을 꼭 인용하는데, 우리나라 젊은 연구자들은 읽어본 적이 없는지 아니면 일부러 뺀 것인지는 몰라도 인용을 안 하고 있다는 점이다.

한국이나 중국이 공통으로 참조기가 남획으로 자원량도 줄고 성숙체장이나 평균체장도 줄어들고 있다고 꾸준히 주장하고 있는데, 어획사망률을 추정해보지도 않았기 때문에 한국에서 유래한 '카더라'에 지나지 않는 풍문이라고 '어민을 죄인으로 모는 '남획' 남용' 편에서 설명한 적이 있다. 중국측 논문에서도 참조기 남획이 종종 언급되어 그 출처를 찾아보려고 했으나, 중국 밖에서는 접근을 막아놓아, 한국 수산계에서 유래한 '카더라'에 지나지 않을 것이라는 심증만 있고 확인해볼 수는 없다.

중국 어획량 40배 이상 늘어

〈그림 2〉는 1950~2016년 황해에서 국가별 참조기 연간 어획고이다. 우리나라와 중국이 대부분인데, 우리나라는 1~5만 사이에서 약 10년 주기로 오르락내리락하고 있는 반면, 중국은 1990년 이전 약 1만 톤에서 꾸준히 늘어 최근에는 40만 톤까지 증가한 것으로 보인다. 남획을 해서 자원량이 줄어들고 있다는데, 정말 그렇다면 어획고는 어떻게 40배 이상 늘 수 있는지 설명할 수 있는 사람은 중국이나 한국 수산계에는 없을 것이다.

따라서 참조기 어획고나 서식지 변화, 성숙체장이나 평균체장 변동은 어업이나 남획이 아니라 기후변화와 같은 해양환경변동 때문에 일어나고 있다고 보는 것이 더 옳아 보인다. 즉, 참조기 어장이 남북으로 오르내리는 가장 큰 원인은 황해 해

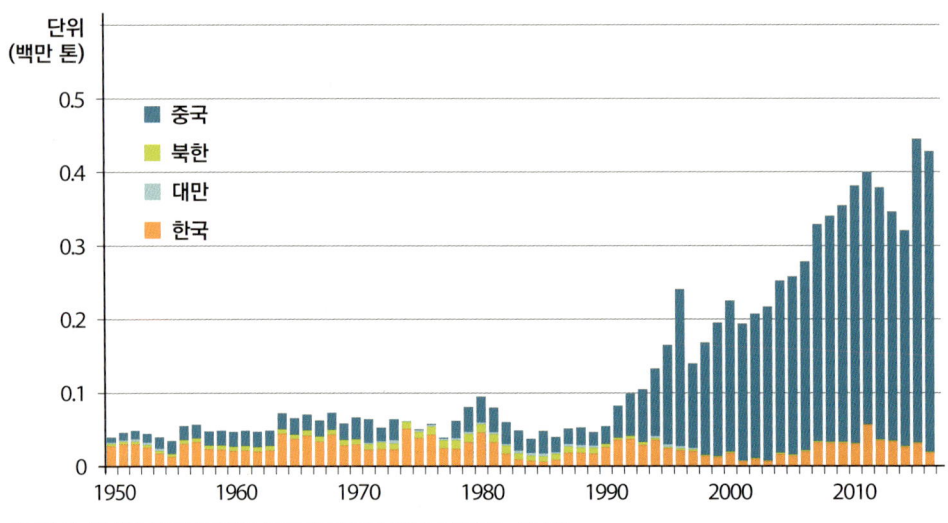

〈그림 2〉 황해와 동중국해에서 국가별 참조기 어획고 (1950~2016)

양환경, 특히 황해저층냉수 변동 때문이라는 것이다. 또 황해는 서식지 북방한계이므로 참조기가 살아가는 데는 가혹한 환경조건이라고 짐작한다. 따라서 아래 동중국해 참조기에 비교해서 황해 북쪽 참조기는 왜대구와 마찬가지로 천천히 자라지만 성숙은 더 빨리할 것으로 짐작하는데, 중국쪽에서는 이를 뒷받침하는 연구 결과가 있으므로(Li et al 2011), 우리나라에서도 연구를 해보면 좋을 것이다.

어장, 어기 변화

〈그림 3〉은 캐나다 브리티시 컬럼비아 대학 수산연구팀이 추정한 2000년대 참조기 어장과 기후변화에 따른 어장 변동을 예측한 것이다. 연평도에서 참조기 파시가 활발했던 일제강점기까지는 황해 연안에서 어살이나 소형 연안어선으로 참조기를 잡았지만, 해방 후 어선이 꾸준히 현대화되면서 조업해역은 남쪽으로 내려가 대형 근해어선이 제주도와 상하이 저우산군도 사이 동중국해 먼바다로 나가 주로

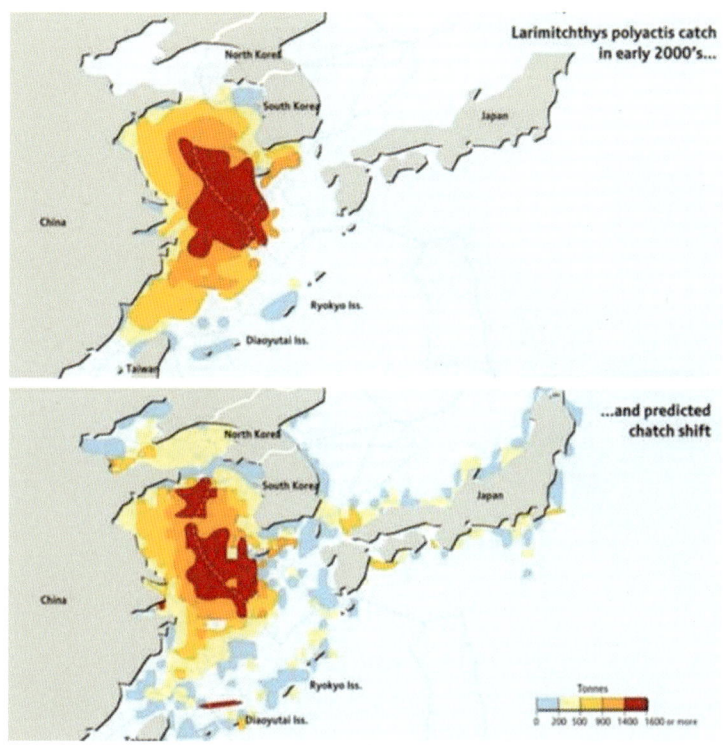

〈그림 3〉 참조기 어획고 분포 (위: 2000년대, 아래: 미래 기후변화 예측)
(출처: https://www.grida.no/resources/7338)

잡았음을 짐작해볼 수 있다. 이렇게 참조기 주어장이 황해 중간 연안에서 제주도 서남쪽 월동장으로 내려가면서 주어기도 연안 4~6월에서 근해 10~12월로 점점 바뀌었다. 그러면서 1970년대 이후 서해 조기 파시도 점점 사라졌다.

북태평양에서 큰 기후 체제 변화가 있었던 1980년대 후반 이후로는 우리나라 근해어선 참조기 조업구역이 다시 북상하면서 최근에는 추자도 부근과 그 북서쪽 한중 과도수역 경계에서 주로 잡고 있는 것으로 보인다〈그림 4〉. 브리티시 컬럼비아 대학에서도 앞으로 참조기 어장이 북상할 것이라고 예측을 했는데〈그림 3〉 아래, 우리나라 참조기 어획고 자료에서도 1986년부터 2019년까지 북위 33°30´ 제주도

91

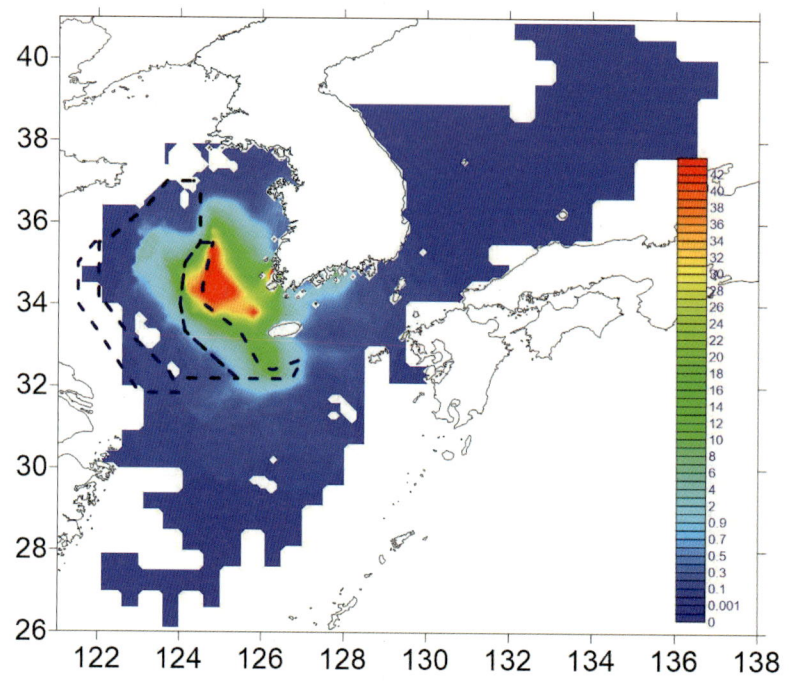

〈그림 4〉 2019년 우리나라 어선어업 참조기 어획고. 빗금 친 해역은 한중 잠정조치수역(중간)과 과도수역(양쪽)

서쪽 바다에서 34°00´ 황해 중간 한중 과도수역으로 꾸준히 북상하고 있음을 확인해볼 수 있다〈그림 5〉.

황해 서쪽 중국측 해역에서는 2000년대 들어 참조기 밀도가 꾸준히 줄어들고 있는 것으로 보인다〈그림 6〉. 따라서 중국이 2000년대 들어 최근 연간 40만 톤까지 참조기를 주로 잡은 장소는 황해 중국측 영해가 아니라, 우리나라와 경계인 한중 잠정조치수역과 과도수역, 그리고 그 남쪽 동중국해임을 짐작해볼 수 있다. 또 이 경계해역에서 중국 어선들은 한국 어선과 경쟁에서 압도하고 있어 우리나라는 5만 톤 이상 못 잡고 있다. 이 와중에 우리나라 해양수산부는 온갖 수산업법 규제로 우리 어선들이 참조기를 제대로 잡을 수 없게 하고 오히려 중국 어선만 이롭게 하

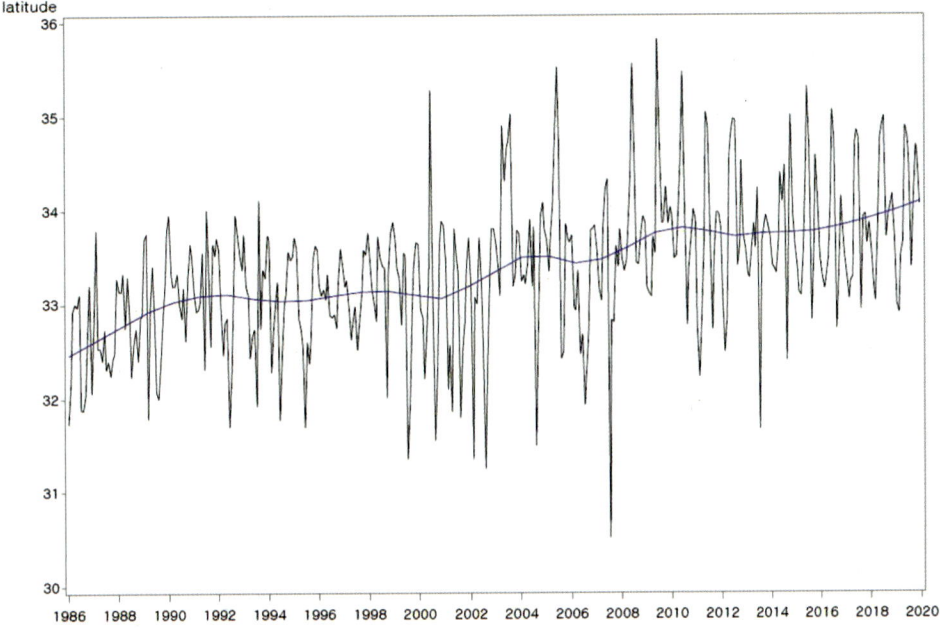

〈그림 5〉 우리나라 참조기 어획고 중심 위도 연 변동 (1986~2019)
(출처: Jung, S., et al. 2014. Latitudinal shifts in the distribution of exploited fishes in Korean waters during the last 30 years; a consequence of climate change. Reviews in Fish Biology and Fisheries 24: 443-462))

고 있음은 '중국만 이롭게 하는 대한민국 수산정책'에서 설명했다. 한중어업협상만 제대로 해도 우리나라 참조기 어획고를 크게 늘릴 수도 있을 것으로 보인다.

물고기는 다시 돌아온다

정리해보자. 1970년대 이후 사라졌던 연평도 조기 파시를 다시 볼 수 있을까? 지구 온난화로 황해저층냉수는 점점 축소되고 저층 수온이 올라감에 따라 참조기 어장은 점점 북상하여 연평도에서도 조기를 다시 볼 수 있을 것 같다. 실제 올해 대청도에서 수십 년 만에 처음으로 참조기를 2톤 잡았다는 언론보도도 있었다 (2021.5.28일자 인천투데이, 서울신문). 자연과 바다생물은 큰 순환으로 다시 돌아온다. 그러나 사람은 옛날로 되돌아갈 수 없다.

어획 효율이 높은 현대화된 근해어업에서 선사시대부터 내려온 어살이나 연안 안강망과 같은 옛 어법으로 다시 돌아갈 수는 없을 것이다. 옛날이 그립다고 더운 여름에 에어컨이나 냉장고 없는 시대로 되돌아갈 수 없는 것과 마찬가지이다. 그러나 문화체험 관광으로 연평도를 비롯한 서해 각 지방자치단체에서 옛 어법과 어구로 조기를 잡아 파는 파시를 운영해볼 수는 있을 것이다. 또 관련 민간신앙과 역사도 박물관에서 기록으로 잘 남기면 좋을 것이다. 그러나 어민과 객주, 접대부들이 흥청망청 떠들고 놀았던 옛날 그 정취는 다시 살리기 힘들 것이다.

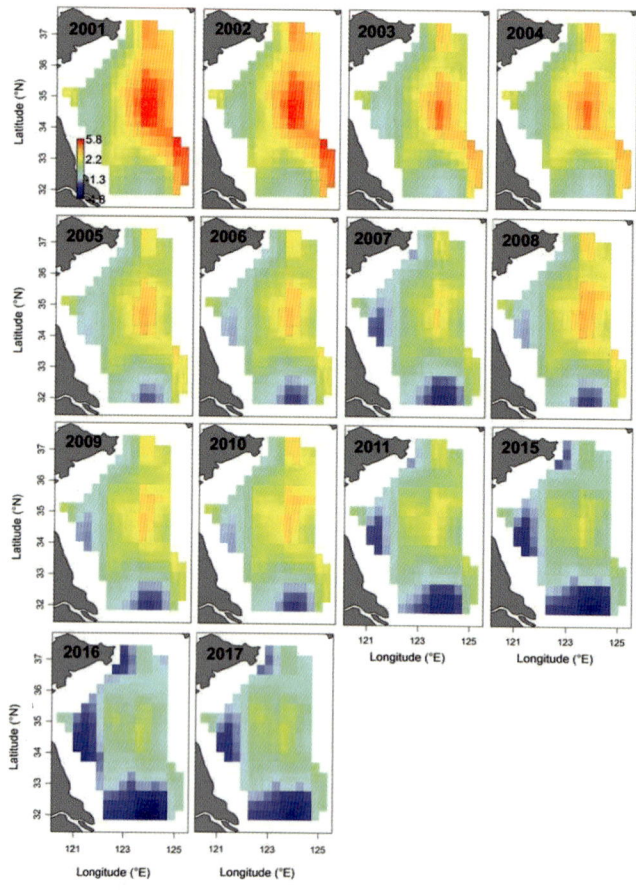

〈그림 6〉 중국 저인망 조사 참조기 생체량 밀도 분포 (kg/km^2, 2001~2017)
(출처: Han Q, Grüss A, Shan X, Jin X, Thorson JT 2021. Understanding patterns of distribution shifts and range expansion/contraction for small yellow croaker (Larimichthys polyactis) in the Yellow Sea. Fish Oceanogr 30, 69-84.)

기후변화와
동경 128도 오징어 게임

　기후변화로 우리바다에서 많이 잡히는 어종과 주어장이 크게 요동치고 있는데 낡은 수산 정책과 어업규제는 이를 따라잡지 못하고 있다. 일제 강점기에 일본 연안 어업을 보호하려고 설정한 동경 128도 이동 트롤조업금지구역은 100년이 넘게 지났는데도 21세기 대한민국 수산업에 족쇄가 되어 잡는 어업 자체를 공멸시키려 하고 있다. 남이야 어떻게 되든 나만 살면 된다는 '오징어 게임'이 지금 동해에서 벌어지고 있다.

　지금 우리나라 수산업법에서 해양수산부령 '어업의 허가 및 신고 등에 관한 규칙'을 보면 "대형트롤어업은 동경 128도 이동수역에서 조업하여서는 아니 된다"라고 되어 있고, 대형기선저인망어업도 동경 128도를 조업한계선으로 정하고 있다(그림 1). 우리나라 일부에서는 1965년 체결된 한·일어업협정에서 비롯된 것으로 알고 있으나, 이 동경 128도 이동 대형트롤과 대형기선저인망 조업금지 유래는 일본 연안 어업을 보호하기 위해 1912년에 실행된 일본 국내 트롤어업 기업허가제까지 거슬러 올라간다.

100년 전 일본이 만든 대형트롤어업금지선

20세기 들어서면서 일본 큐슈를 중심으로 영국인 토마스 블레이크 글로버 (Thomas Blake Glover, 1838년 6월 6일~1911년 12월 13일) 아들인 쿠라바 토미사부로가 1908년 영국에서 터빈을 갖춘 강선(鋼船) 트롤 어선을 도입해서 시험조업을 시작했다. 글로버가 살았던 구라바엔(グラバー園, Glover Garden)은 지금 나가사키 관광명소로 한국 관광객들도 자주 찾는 곳이다. 곧 트롤선 2척이 끄는 쌍끌이 트롤도 조업을 시작하는데, 일본에서는 이를 저예망어업(底曳網漁業)이라고 한다. 일본 트롤어선은 1910~1911년에 새 어장을 계속 개척하면서 풍어가 계속 되었고, 그 크기가 200~250톤으로 조업일수는 10일까지 늘어나 남획, 어장 파괴, 해저 전선 파괴와 같은 피해가 속출하자 일본 정부에서는 1912년(타이쇼 大正 원년) 트롤어업에 기업허가제를 적용하면서 동경 130도(지금은 128도 30분) 서쪽에서만 조업하는 조건으로 허가를 내주게 된다〈그림 2〉.

1912~1913년에는 조선총독부에서는 조선에 있는 일본, 조선 어업을 일본 트롤어선으로부터 보호하기 위해 한반도 연근해 둘레를 따라 트롤금지구역을 설정하였다〈그림 2〉. 1차세계대전 동안 한 때 7척까지 줄어들었던 일본 트롤어선 수는 그 뒤 점점 늘어 1922년에는 500척 가까이 되자 영세했던 기존 연안 어업과 점점 더 충돌하게 되고, 결국 1924년(타이쇼 13년) 시행된 「기선저예망어업 단속규칙」 (機船底曳網漁業取締規則)으로 동경 130도를 기준으로 터빈을 갖춘 대형동력선은 그 서쪽 동중국해와 황해에서만 조업하게 하고, 그 동쪽에서는 조업을 못하게 했다.

1928년에는 조선총독부에서 조선어업령을 제정하면서 기존 동경 130도까지 트롤 금지구역을 동경 130도 52분 울릉도까지 확대하였는데, 이 때 정한 대형트롤어업금지 기준선이 100여년이 지난 지금 우리나라 수산자원보호령 제4조 '별표 2'로 그대로 남아있다〈그림 1〉.(김병호, 2004. '근해저인망류어업에 있어서 업종별 경합관계 형성에 관한 사적고찰', '몰락하는 일본 수산업 따르면 우리도 망한다' 편 참고).

100년 전 일본 어업 상황에서 유래한 이 어업구역 규제를 대한민국에서 아직 우리 바다에서, 그것도 거꾸로 적용을 하고 있는 셈이다. 동경 128도를 기준으로 연안어업을 보호하려면, 일본 연안은 그 동쪽에 있기 때문에 그 이동(以東)수역 트롤조업 금지가 맞지만, 우리나라 연안은 그 서쪽에 있기 때문에 그 이서(以西)수역 트롤조업 금지가 맞다. 그런데 우리나라 다른 많은 수산 관련 규제들이 그렇듯이 이 동경 128도 선도 거꾸로 적용하여 일본과 똑 같이 트롤 이동조업을 금지하고 있다. 이 코미디 같은 동경 128도 이동

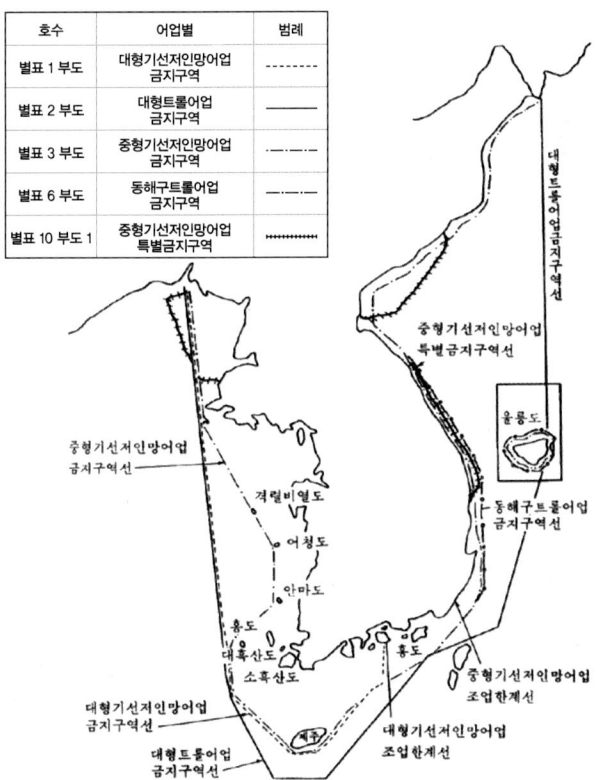

〈그림 1〉 현재 우리나라 수산업법에서 정한 트롤과 저인망어업 조업금지 수역 경계선. 경계선에서 해안선까지 조업을 금지하고 있다. 또 동경 128도를 기준으로 그 동쪽으로는 대형트롤과 대형기선저인망어업 모두 조업을 금지하고 있다.

트롤 조업 금지구역은 100년이 지난 지금도 지역간, 업종간 이해 충돌로 한 치도 못 바꾸고 있다.

기후변화에 따른 어장변화 근본 문제 해결해야

일제강점기인 1917~1919년에 일본 사람들이 우리나라에 처음 도입했던 터빈을 갖춘 기선저인망어선은 1940년 초반에 한 때 200척이 넘기도 했으나, 해방이 되자 일본 사람들이 철수하면서 거의 없어져버렸다. 그러나 1949년부터 대한민국 정부는 외국 원조를 통해 트롤과 기선저인망 어선을 도입하기 시작했다. 1965년 한일어업협정이 타결되고 경제발전으로 1970년대부터는 동력을 쓰는 어선들 세력이 크게 늘어나기 시작했다.

1970년대 중반부터 남해에서는 부산에 근거를 둔 트롤어선들이 말쥐치를, 동해

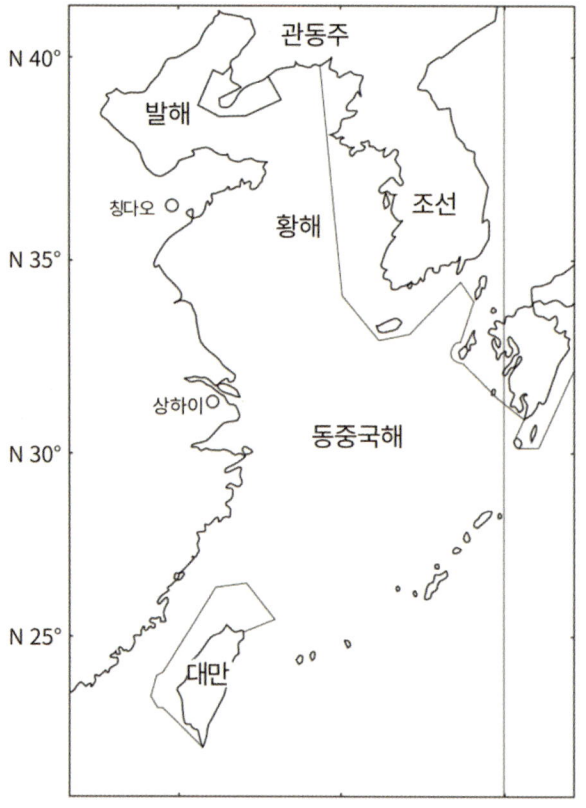

〈그림 2〉 일제강점기 일본에서 자국 연안어업을 보호하기 위해 그은 동경 130도 트롤금지수역과 조선총독부가 조선 거주 일본인 어업을 보호하기 위해 그은 트롤 금지수역. 지금은 동경 128도30분이 (출처: 千賀之片岡, 2013. "戦 前の東シナ海·黄 海における底魚漁業の発 達と 政策対応". 国 際常民文化研 究叢書2 - 日本列島周辺 海域における水産 史 に関 する総 合的研 究: 133-158.)

에서는 명태를 많이 잡아 수익을 크게 올릴 수 있었다. 그러나 1988~1989년에 북태평양 전체에 걸쳐서 일어난 기후체제 변동으로 우리나라 바다에서 저어류인 말쥐치와 명태는 갑자기 사라지게 되고, 대신 부어류인 오징어와 저어류인 대구, 청어가 많이 잡히게 된다('그 많던 쥐치는 어디로 갔을까?' 편 참고). 1990년대 들어서 더 이상 말쥐치가 안 잡혀 망하기 직전 부산 트롤 어선들은 불법이지만 생존을 위해 동경 128도선을 넘어 동해로 들어가 동해 근해채낚기와 공조조업으로 오징어를 본격 잡기 시작한다(박성쾌, 2004. '동경 128도 이동 오징어 공조조업에 관한 정치경제학적 연구'. 수산경영론집 35, 91~115).

이 1990년대에 시작된 동경 128도 이동 오징어 '불법' 공조조업에서 알 수 있는 것은 경직된 수산업 관련 규제들이 현실에서는 변화하는 어업환경을 따라가지 못해 그 정당성을 이미 잃어버렸다는 점이다.

'악법도 법'이라고 하지만 이 법을 따르다가는 생존 잔체가 힘들어진 어업인들에게 합법이니 불법이니 논쟁은 이미 무의미하다. 해양수산부에서도 이 현실을 잘 아는지 적극적으로 이 공조조업을 단속하지 않다가 정치적으로 필요하면 갑자기 단속을 해서 운 없이 걸려든 선장과 선주들을 처벌했다면서 보도자료를 내는 일을 지난 30년 동안 반복해오고 있다. 근본 문제 해결 없이 임기응변으로 30년을 끌어온 것만 해도 대단한 일이다.

기후변화에 따른 근본대책 절실

그 동안 불필요한 규제와 지역·업종간 어업권 갈등으로 어업 경영이 지속적으로 악화되어온 우리나라 오징어 어업은 최근 기후변화로 더욱더 어려운 시기를 맞

이하여 곧 오징어 어업 자체가 소멸할지도 모른다. 흔히 오징어라고 하는 살오징어(*Todarodes pacificus*)는 남중국해, 동중국해, 황해, 동해, 일본 태평양쪽 연안, 오호츠크해, 베링해, 알래스카 연안까지 분포하는 회유성 어종이다〈그림 3〉. 일본에서는 1970년대 한 때 연간 60만 톤 이상을 잡기도 했으며, 우리나라도 어획 기술이 발달하면서 1990년대 이후 20만 톤 이상 연간 어획고를 기록하기도 했다. 그러나 한국과 일본 모두 2000년대 이후 살오징어 어획고가 점점 줄어들다가 최근에는 격감하여 오징어 어업 존망 자체가 위태로워 보인다. 그 이유는 동해 온난화에 따라 그 서식지가 점점 북쪽으로 올라가는 것으로 보인다.

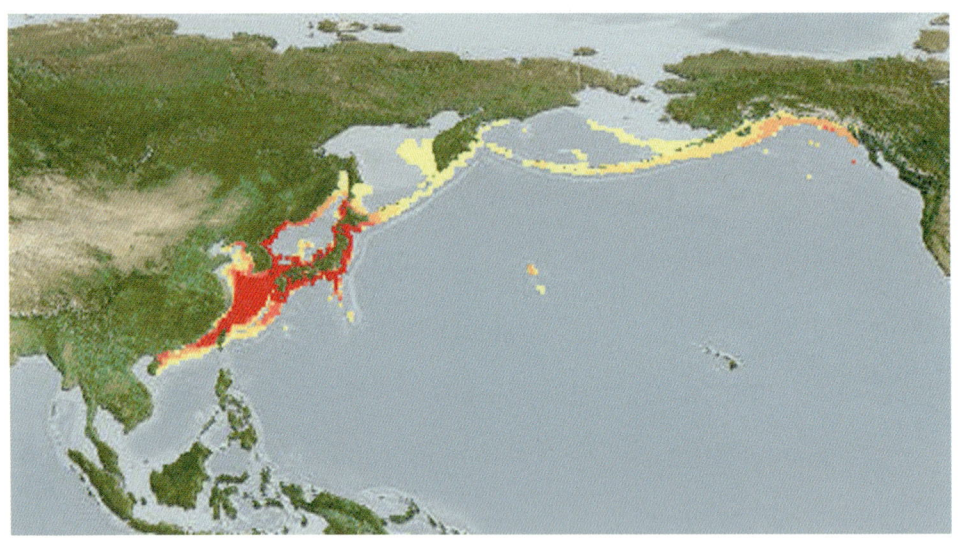

〈그림 3〉 살오징어(*Todarodes pacificus*) 서식지 (출처: fishbase.org)

우리나라 동해나 일본 홋카이도에서는 오징어가 줄어든 대신에 방어가 많이 잡히고 있다. 나도 10년 전쯤 살오징어 주어장이 북상할 것으로 예측했지만 이렇게 빨리 올라갈 것이라고는 예상 못했다. 일본, 북한이나 러시아 자료 없이 우리나라 어획고 자료만 분석하여 너무 보수적으로 예측한 셈이다(Jung et al., 2014, "Latitudinal shifts in the distribution of exploited fishes in Korean waters during the last 30 years; a consequence of climate change". Reviews in Fish Biology and Fisheries 24: 443-462).

이렇게 우리나라 동해 어장에서 기후변화로 살오징어 어획고가 꾸준히 줄어들고 있는 동안 해양수산부가 내어놓은 대책이라고는 원인 규명을 위한 아무런 조사도 없이 그냥 막연히 우리 어민들이 어린 오징어를 많이 잡아서 어획고가 줄어들었다는 출처불명 '뇌피셜'을 근거로 '오징어 금지체장 신설', '총알오징어 안 팔겠다고 SSG닷컴과 업무 협약'과 같은 기후변화와 무관한 관행적 행정뿐이다. 더구나 2007년에 시작한 오징어 총허용어획량(TAC)제도는 국경을 넘나드는 회유성 어종에는 실효성 있는 대책이 되지 못함은 이미 지적한 바 있다('선진국 흉내 내는 TAC' 편 참조). 그런데도 이 TAC 대상 업종을 확대하겠다고 밀어붙여 근해자망 어업인들 반발을 자초하고 있다. 기후변화라는 큰 쓰나미가 몰려오는데도 해변에서 아이들 소꿉장난 하는 듯 엉뚱한 대책이나 내놓고 있는 셈이다.

대화퇴 새 어장 개척 필요

기후변화에 따라 그 동안 잡아왔던 어종이 안 잡히게 되면 거기에 적응하는 대책은 크게 2가지로 나눌 수 있다. 잡는 대상어종을 바꾸거나, 새 어장을 개척하는 것이다. 부산 트롤업계가 1990년대 대상어종을 말쥐치에서 오징어로, 남해에서 동해로 새 어장을 개척한 것은 불법이지만 어업이 기후변화에 자연스럽게 적응해가는 과정이었다. 앞으로 오징어 주어장은 더 북쪽으로 자주 올라갈 것이 확실해 보이기 때문에 동해 대화퇴어장과 한일중간수역은 물론 러시아 수역까지 새 어장을 개척할 필요가 있다(그림 4). 이렇게 새롭게 개척한 어장은 우리 바다에서 살오징어 어획이 부진할 경우에 대비하는 완충 어장으로도 효과적으로 활용할 수 있다. 따라서 해양수산부는 더 이상 미루지 말고 동해 오징어 새 어장 개척을 가로막고 있는 동경 128도 이동 조업구역 문제를 근본적으로 해결해야 한다.

동경 128도 선을 철폐하거나 그 기준을 독도 근처로 옮겨 그 이동에 있는 대화퇴어장과 한일중간수역에서라도 부산 트롤어선들이 동해 연안어업인들에게 피해를 최소화하면서 조업을 해주도록 하면 우리나라 독도 부근 영해권과 어업권도 확보하고 오징어 어획고도 증가시킬 수 있다(그림 4).

그러나 동해 연안어업에서는 혹시라도 이 때문에 그 동안 잡아왔던 오징어 어획고가 줄어들까 염려해 이 동경 128도 규제 철폐를 반대하고 있다(그림 1). 다른 업종들이 망할수록 우리 업종만은 더 오징어를 비싸게 팔 수 있게 되어 좋다면서 한 치도 양보하지 않으려는 '오징어 게임'이 지금 동해 바다에서 벌어지고 있다. 남들 다 죽고 나면 나 홀로 상금 456억 원을 차지하려는 셈이다.

따라서 이 동경 128도 규제를 철폐하는 대가로 동해 연안어업인들에게 무엇을 줄 수 있는지 해양수산부에서 제시하지 못한다면 이 오징어 조업구역 분쟁은 해결할 수 없을 것으로 보인다. 또 부산 트롤 어선들이 러시아에 입어료를 내고 동해 러시아 수역에서 오징어 조업을 하려고 해도 이 동경 128도 규제에 묶여서 조업할 수 없기 때문에, 이대로 간다면 기후변화에 따른 살오징어 어장 북상으로 수익이 악화된 부산 트롤어업은 더 이상 존속하기 힘들 것으로 보인다.

"동경 128도 이동 조업금지 철폐해야"

한번 사라진 어업 기술과 문화는 다시 되살릴 수 없다. 따라서 기후변화에도 소멸하지 않고 지속 가능한 오징어 어업은 경제논리가 아닌 문화적인 측면에서 그 보존 가치를 평가하여 어업 다양성을 유지하도록 해양수산부에서는 관련 정책을 펼 필요가 있다.

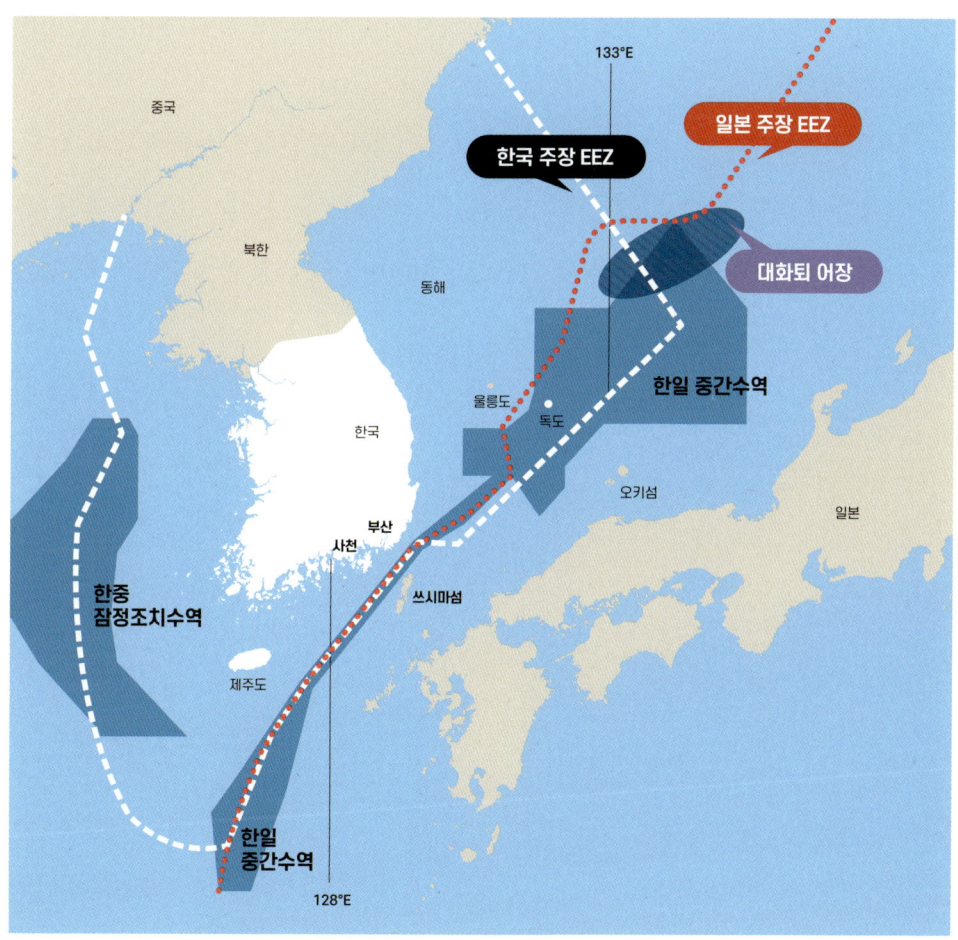

〈그림 4〉 우리나라 수산업법에서 정하고 있는 동경 128도 동쪽 트롤어업 금지수역 안에 위치한 대화퇴 어장과 한일중간수역

이런 동경 128도 이동 조업 금지구역뿐만 아니라 대부분 우리나라 어업규제나 수산관리정책들은 경직되어, 기후변화에 따라 시시각각 바뀌는 어장이나 어업기술 발전을 따라 잡지 못해 우리 수산업 발전은커녕 잡는어업이라는 것을 아예 없애버리려는 족쇄들이 되어버렸다. 따라서 탄력적이고 융통성 있는 수산정책이 필요하며, 관행적으로 지금까지 남아있는 금어기, 금지체장, 혼획금지와 같은 규제도 완화하거나 없애서 어업인들이 스스로 기후변화에 적응하여 살아남을 수 있도록 해주어야 한다.

기후변화에는 정부가 기존 관행에서 벗어나 크게 혁신적으로 대처해야 한다. 그 첫 큰 걸음은 이 동경 128도 이동 조업금지를 철폐하는 것이라고 나는 본다. 일제 잔재라고 다 없애면서 유독 동경 128도만 천년만년 후손들에게 물려줄 것인가?

남한의 수산자원회복사업과 북한에서 많이 잡히는 도루묵

앞서 우리나라 해양수산부 수산관리정책들은 선한 의도로 시작된 것이지만, 정작 현실에서는 어업을 방해하고, 생업이 어려워진 어업인들을 전과범으로 만드는 나쁜 규제가 되고 있는 현실을 살펴보았다. 어업인들이 공감하지 못하는 정책이라면 아무리 좋은 의도로 시작한 것일지라도, 그들을 설득하기 전까지는 보류하거나 잠정 중단하는 것이 바람직하다.

설령 어떤 어종이 관리를 잘못해 남획이 일어나 어획고가 폭락을 하거나 멸종을 하더라도, 그 피해를 입을 사람은 어업인들이지 공무원들이나 수산전문가들이 아니다. 물고기가 잘 안 잡히는 것은 공무원이나 학자들에게 관념상의 손실에 지나지 않는 것이지만, 어업인들에게는 당장 현실이고 생존 문제이다. 따라서 물고기가 잘 잡힐 수 있는 바다를 보존하고 가꾸고자 하는 마음은 어업인들이 더 절박하다. 해양수산부에서는 그 동안 어업인들이 받아들이기 힘든 조업해역 규제, 감척사업, TAC(총허용어획량)와 같은 수산정책 수립 과정을 제대로 공개를 하지 않았고, 설득이나 공론화 과정도 거치지 않으면서 밀어붙여왔다. 어업인들은 자신들에게 장기적으로 이익을 가져다 줄 수산정책이라면 굳이 반대할 이유가 없는데도 말이다.

수산분야 공무원들은 어업인들 위에 서서 무언가를 가르치고 계도하려고 하지만, 대학교에서 학생을 가르치고 책상에 앉아서 이론을 주로 연구하는 내가 보기에는 그 수산학 지식 수준은 별반 다르지 않다. 오히려 어업인들이 경험적으로 현장 사정을 더 잘 알고 있으며, 어떤 수산정책이나 규제 효과에 대해서 누구보다 더 잘 안다. 가령, 바닷모래 채취 때문에 우리나라 고등어 어획고가 감소했다는 일부 어업인들 주장이나, 지난 2년 동안 근해 대형선망 어선수를 20% 감척했더니 올해 고등어가 풍어라는 해양수산부 일부 공무원들 주장이나 내가 보기에는 둘 다 '팔당댐에 실례를 했더니 한강물이 짜졌더라'는 이야기에 지나지 않는다. 굳이 따지자면 공무원들 주장이 더 황당하게 들린다.

요즘은 수산전문가나 공무원뿐만 아니라, 환경단체나 중고생들까지 나서서 시키지도 않았는데도 남획, 남획하며 동물권익보호에서 느끼는 것과 비슷한 정의감과 선민의식을 가지고 어업에 도덕적 잣대를 들이대려는 것을 본다. 어설픈 정의감에서 무심코 던진 돌이지만 개구리는 맞아 죽을 수 있다. 어린 물고기를 보호하자고 하면서 해양수산부에서 몇 년 전부터 초등학교에 포스터를 배포해 충분히 예견할 수 있던 일이 지금 벌어지고 있다('어린 물고기를 잡지 말자?' 편 참고).

명태 대신 도루묵

지난 1년 동안 〈현대해양〉에 글을 연재하면서, 주변에서 왜 매번 해양수산부 비판 글만 쓰느냐며 칭찬 글도 싣는 것이 좋지 않겠냐는 이야기를 듣곤 한다. 나도 정말 칭찬하는 글을 올리고 싶지만 해운이나 항만 분야는 내 전공이 아니라 잘 모르고 어쩔 수 없이 수산 분야만 얘기할 수밖에 없다. 수산 정책 분야를 보면 아무리 뒤

져도 칭찬할만한 이야깃거리를 찾기가 힘들다. 내 눈에는 다 엉터리로 보이기 때문이다. 그럼에도 앞으로 우리나라 수산정책을 펴는데 귀감이 될 좋은 사례가 하나 있어 이번에 소개하고자 한다.

최근 2015년부터 북한 동해 바다에서 도루묵이 많이 잡혀 식량난에 허덕이는 북한 주민들에게 큰 도움이 되어 북한 지도자 김정은이 크게 기뻐하고 있다는 소식이 계속 들린다. 북한 바다에서 명태가 사라진 대신 도루묵이 점점 더 많이 잡히고 있는 것으로 보인다.

우리나라 강원도에서도 2010년 이후 도루묵 어획고가 등락은 반복하지만 그래도 꾸준히 늘어나고 있다고 한다. 이렇게 북한과 우리 강원도 앞바다에서 도루묵 어획고가 증가한 이유 중 하나로 국립수산과학원 동해수산연구소에서 2006년부터 시작했던 도루묵 자원회복사업을 들 수 있다.

해양수산부에서 2006년부터 수산자원회복사업이라는 것을 해왔는데 지금까지 약 16종으로 그 대상 수산생물이 확대되었다. 그러나 그 회복 방법들을 살펴보면 붕어빵 찍어내듯 거의 같다. 동해 도루묵의 경우는 예외적으로 어업인들의 호응도 받으면서 성공적인 사례로 주목을 받고 있다. 다른 수산자원회복사업이나 수산관리정책들과 이 도루묵 사업은 어떤 점에서 차이가 나 효과를 보이고 있는지 간단히 살펴보자.

첫째, 도루묵 어획고 감소 원인부터 먼저 밝히고 그 해결 방법을 찾았다는 점이다. 도루묵은 그 서식지가 우리나라 동해안, 일본 연안, 캄차카, 사할린, 알라스카에 이르는 냉수성 어종으로, 우리나라 바다가 그 서식지의 남서방 한계라는 점에서 명태와 비슷하다('명태가 사라진 진짜 이유는?', '그 많던 쥐치는 다 어디로 갔을까?' 참고).

　도루묵 성어는 주로 100~250미터 깊은 바다에 살다가 10~12월 산란기가 되면 1~5미터 수심의 얕은 동해안으로 몰려와 산란하여 참모자반과 같은 기질에 알 덩어리를 붙인다〈사진 1〉. 이렇게 부착된 알들은 이듬해 2월 무렵 부화한다.

〈사진 1〉 동해 해안가 해초 군락에 산란하러 모여든 도루묵(왼쪽)과 모자반에 붙어있는 알 덩어리(오른쪽)
(출처: 한국수산자원공단)

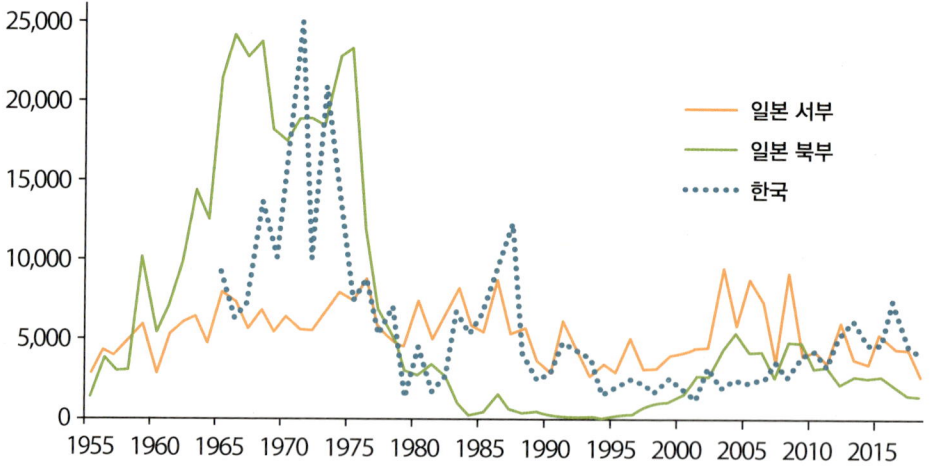

〈그림 1〉 동해에서 국가별 도루묵 연간 어획고 (단위: 톤, 1955~2018)
(출처:http://abchan.fra.go.jp/digests2019/details/201952.pdf)

〈그림 1〉은 동해에서의 국가별 도루묵 어획고를 나타내는데, 일본은 혼슈 북쪽 아키타현으로 대표되는 북부계군과 혼슈 서쪽 시마네현에서 이시카와현에 이르는 서부계군으로 구분 했다. 우리나라 동해 도루묵과 일본 서부계군은 그 산란지가 강원도 연안으로 같은 계군이나, 일본 북부 도루묵은 거기서 자체적으로 산란하는 독자적인 계군으로 보고 있다. 그러나 계군이라는 것은 100% 격리된 것이 아니기 때문에 이 3해역 도루묵은 소량이라도 끊임없이 서로 섞여왔다.

도루묵 어획량이 줄어든 이유

동해에서 도루묵 어획고 변동은 북태평양에서 1970/1971, 1976/1977, 1988/1989년에 일어났던 기후체제 전이 시기와 거의 일치하고 있는데, 우리 강원도 앞 바다 도루묵과 그 비슷한 위도에 위치한 일본 북부 계군은 이 시기에 어획고가 동시에 급감했으나 남쪽 일본 서부계군 어획고는 상대적으로 변동폭이 적었다. 따라서 도루묵 어획고가 줄어든 가장 큰 이유는 기후변화였음을 짐작할 수 있다.

동해수산연구소에서는 기후변화에 따라 왜 도루묵 어획고가 줄어들었는지 그 원인을 구체적으로 조사했다. 지구 온난화에 따라 동해 수온이 올라가 갯녹음이 북쪽으로 확대되면서 겨울에 어미 도루묵이 알을 낳아 붙이는 해안 모자반이 급격히 감소한 현상에 주목하고 그 개선 방안을 몇 가지 제시했다. 먼저 모자반을 이식하여 바다숲을 조성했는데, 모자반은 다행히 다년생이라 한번 이식을 해주면 적어도 몇 년 동안은 살아남을 수 있어 도루묵 알 부화성공률을 높였다. 막연히 바다숲을 조성한 것이 아니라, 구체적인 원인 진단을 먼저 한 것이다. 또 모자반 산란장을 보호수면으로 지정하고, 부화된 도루묵 새끼가 자라서 외해 깊은 바다로 더 많이 내려갈 수 있도록 어획금지체장을 정했다.

이처럼 도루묵은 산란장과 산란행동을 포함한 철저한 생태 정보를 토대로 회복 방법을 마련했다. 산란장이 어디인지도 모르면서 일본 따라 TAC도 하고 금어기도 정한 고등어와는 대조적이다('선진국 흉내내는 TAC' 편 참고).

둘째, 어업인들을 설득하여 자발적인 호응을 끌어내었다는 점이다. 다른 대부분 수산생물과는 달리 도루묵은 3~4미터 깊이 맑은 바닷물에서 서식하는 모자반과 같은 해초에 붙어 있는 알과 그 부화하는 모습을 직접 눈으로 볼 수 있다. 따라서 어업인은 물론 일반인들에게도 왜 모자반 서식지를 보호해야 도루묵 생산량을 늘일 수 있는지 따로 이론을 설명할 필요도 없었다. 백문이 불여일견이다. 어민들이 더 적극적으로 도루묵 산란장 보호에 참여를 했다.

수산자원회복 사업

최근 북한에서 도루묵 어획고가 급증한 것이 동해수산연구소 도루묵 자원회복 사업 때문인지 그 인과관계는 아직 평가하기 힘들다. 〈그림 1〉에서 보듯이 강원도 도루묵과 같은 계군인 일본 서부 도루묵은 우리나라가 수산자원회복 사업을 시작하기 2년 전인 2004년에 이미 어획고가 증가하였기 때문이다.

그러나 2010년 이후 일본 서부나 북부에서는 도루묵 어획고가 줄어드는 추세인데 반해서, 우리나라에서는 꾸준히 증가하는 경향을 보여주고 있기 때문에 수산자원회복사업이 어느 정도 효과를 내고 있을 가능성을 아직은 배제하기 힘들다. 기후변화와 수산자원회복 사업 효과가 상호작용하면서 최근에 북한에서 도루묵 어획고가 급증했을 수도 있다.

동해수산연구소 도루묵 자원회복사업에서 배울 수 있는 교훈을 정리해보면, 첫째 어떤 수산정책이든 어업인들을 먼저 설득할 수 있어야 한다는 점이다.

둘째, 정확한 원인도 밝히지 않은 채 붕어빵 찍어내듯 기존에 해왔던 똑같은 방법을 행정 편의 위주로 일률적으로 밀어붙여 왔던 금어기, 금지체장, 감척사업, TAC와 같은 어획 규제에서 벗어나 각 수산생물 종의 생물학적, 지역적 특성과 차이점을 반영한 새로운 수산자원관리 방법을 개발해야 한다는 점이다.

마지막으로, 어업 대상 생물종의 자연사와 생태 연구에 장기적으로 연구개발사업을 지원해야 어업인들을 설득시키고, 생물학적 특성을 반영할 수 있는 관리 방법을 개발할 수 있다는 점이다.

도루묵을 비롯한 어업 대상 생물이 많이 안 잡히면 어업인들이 가장 큰 피해를 입는다. 어업인들 소득증대를 위한답시고 만든 지난 수산정책들이 정작 어업인들에게는 원성의 대상이 됐다. 그 정책 개발과 실행과정에서 무엇이 문제였는지 해양수산부에서는 차분히 되돌아봐야할 때이다. 선진국에서 하고 있으니 우리나라에서도 따라하면 좋다는 관념상의 정책이 아니라, 우리 바다에서 구체적으로 직접 조사 연구한 수산생물 자연사와 철저한 생태 정보를 기반으로 어업인들은 물론 일반 국민들까지 수긍할 수 있는 우리만의 독자적인 수산정책을 개발해야 한다고 나는 본다.

그리고 여력이 된다면 북한과 수산자원 공동 조사와 관리를 하여 기후변화에 따른 수산생물 서식지 이동에 대응할 수 있는 협력체계 구축을 해양수산부에서 적극 추진하여 남북이 수산분야에서 서로 이익을 나눌 수 있다면 한반도 평화에도 크게 기여할 수 있을 것이다. 도루묵으로 그 물꼬를 틀 수 있지 있을까?

세계사를 바꾼 대구

생선과 사람을 맞교환하려면 무엇이 필요할까? 당연히 둘 다 상품으로서 파고 살 수 있어야 하며 그러기 위해서는 교역이 진행되는 동안 손상되지 않고 잘 보존이 되어야 할 것이다. 지금 수산 시장에서 거래되는 생선은 활어도 있겠지만 대부분이 냉동 또는 냉장된 선어이다. 지금처럼 비행기나 철도와 같은 빠른 운반 수단과 냉장고가 없었던 수백 년 전에는 몇 주 이상 보존하기 힘든 대부분 생선들은 교역의 대상이 되지 못하고 가까운 어촌에서 생계형으로 소비되었다.

그러나 일부 생선들은 말리거나 소금에 절이면서 그 보존기간을 늘려 교역의 대상이 되어왔다. 가령 조선시대를 보면 참조기를 말린 굴비, 고등어를 소금에 절인 간고등어, 그리고 각종 생

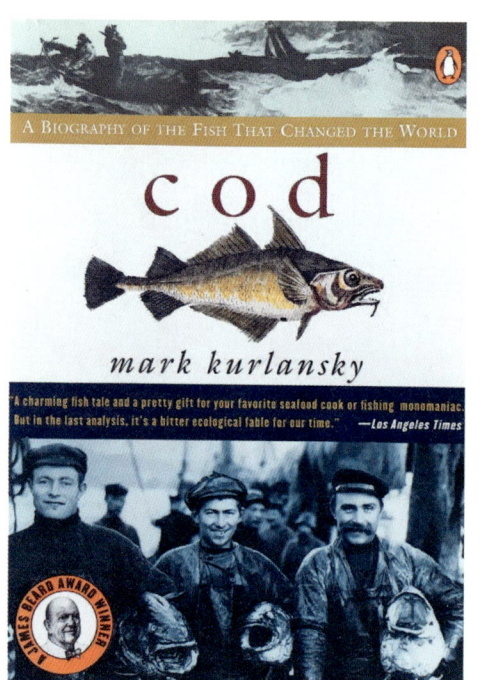

〈그림1〉 대구: 세상을 바꾼 물고기 일대기

선 젓갈은 해안가뿐만 아니라 내륙 깊은 곳까지 운반하여 팔 수 있었다. 특히 영남, 영동 지역 해안에서 잡아 말린 건대구는 조정에 바치는 세금으로, 또 조선정부에서는 중국에 바치는 공물로도 수백 년 동안 쓰여 왔다.

어업 생산물이 자본주의 시장에 본격 들어가게 된 것은 19세기 유럽과 미국에서 통조림이 개발되면서이다. 자본주의 시장으로 들어갔다는 말은 생계에 필요한 만큼 잡는 것이 아니라 잡을 수 있는 만큼 최대한 잡는, 다른 말로는 '남획'을 할 수 있는 잠재력을 가지게 되었다는 말이다. 이 통조림이 개발되기 전에는 말려서 소금에 절인 대구만이 국제 교역 대상 수산물이었다.

대구와 인간 흥망

사람을 상품처럼 사고 팔 수 있는 경우는 노예들이다. 말린 대구(大口)와 노예를 배로 교역하는 일이 불과 200년 전까지 북대서양에서 벌어졌다. 미국 언론인이자 작가인 마크 쿨란스키(Mark Kurlansky)가 1997년 펴낸 '대구: 세상을 바꾼 물고기 일대기(Cod: A Biography of the Fish that Changed the World(1997)', '세계 역사를 바꾼 물고기 대구 이야기(2006 이선오 옮김)'는 북대서양을 무대로 대구를 두고 지난 1,000년 동안 벌어졌던 인간의 흥망성쇠 역사를 다루고 있다.

유럽에서는 전통적으로 북해를 비롯한 북유럽 연안에서 아이슬란드까지 해역이 대구 어장이었으나, 아마도 10세기 무렵 지금 스페인 북부와 프랑스 남부 지역에 있는 바스크 사람들이 캐나다 뉴펀들랜드와 미국 뉴잉글랜드에 연안에서 대구 어장을 발견하고도 아무에게도 알려주지 않고 자기들만의 비밀을 유지하면서 수백 년 동안 대구를 어획했을 것이라는 여러 가지 증거들을 이 책은 제시하고 있다. 그 뒤 이 새로운 대구 어장과 관련되어 콜럼부스가 신대륙을 발견하게 되는 숨겨진 역사, 또 이 북아메리카 식민지 지역에서 생산된 대구를 선박을 통한 동서 횡단 무역을 통해서 유럽에 공급하고, 또 남북 종단 무역을 통해서 서인도제도 사탕수수를 재배하는 노예들의 값싼 단백질 식량으로 공급하게 되면서 뉴잉글랜드가 급격히 경제적으로 발전하게 되고 이는 유럽 열강끼리 식민지 지배 분쟁은 물론, 결국 미국독립전쟁까지 일으키게 된다.

수많은 어부들 희생 속에서 이뤄진 대구 어획

세상은 도전하는 자들이 결국 지배하게 마련이다. 중국을 비롯한 동아시아국가들이 농업에 치중하여 해양에 관심을 가지지 않은 반면, 유럽은 그리스 시대부터 꾸준히 해양을 개척하고 해상무역을 해왔다. 바다는 위험한 곳이다. 그럼에도 유럽인들은 죽음을 무릅쓰고 미지의 해양을 탐험해왔는데, 이것은 아마도 작은 산악 도시국가들끼리 내부 경쟁이 치열해짐에 따라 해양으로 또 다른 영토로 눈을 돌릴 수밖에 없었던 유럽의 지형적 특성 때문이었을 것이다. 이는 일본 사무라이들이 내부 전쟁을 통해서 경쟁하다가 16세기 도요토미 히데요시가 통일을 하자 곧 대륙 침략을 위해 임진왜란을 일으킨 것에 비교될 수 있을 것이다.

북서대서양에서는 20세기 초까지 스쿠너(Schooner)라고 하는 2개 이상의 큰 돛을 단 어선들이 대구를 주로 잡았는데, 여기에서 도리(Dory)라고 하는 한두 사람 정도 탈 수 있는 작은 배들을 내려서 손낚시로 대구를 잡았다. 스쿠너의 속도를 더 내게 하려면 돛이 더 커져야 하는데, 갑자기 부는 광풍에 뒤집어질 확률도 높아진다.

또 도리 1척에서는 많게는 수백 마리의 대구를 한꺼번에 잡아 실을 수 있는데, 대구를 많이 잡을수록 작은 파도에도 쉽게 가라앉았다. 따라서 북대서양 대구 어획 역사는 수많은 어부들의 희생 속에서 이루어진 것이다. 가령 대표적인 대구 양육항인 지금 미국 매사추세츠 글라스터(Gloucester)는 당시 인구가 1만 5천이었는데 1830~1900년 70년 동안 물에 빠져 죽은 어부 숫자는 3,800명이었다. 지금도 다른 농업이나 건설업에 비교해서 어업에서 산업재해율이 가장 높다.

200해리 배타적 경제수역 주역

아무리 많이 잡아도 자연의 조화로 대구는 계속 많이 잡힐 것이라는 19세기 빅토리아 낙관주의 믿음은 증기기관을 갖춘 트롤어선이 등장하면서 서서히 무너지게 된다. 기존의 무동력선이나 낚시 또는 수동적인 자망(Gillnet)과는 어획강도에서 비교가 안 되는 터빈엔진과 오토 트롤로 무장한 동력선이 바다 바닥을 싹쓸이하면서 지나가는 환경파괴적이고 공격적인 어업이 20세기 후반에 전 세계에서 시작된다. 수백 년 동안 연안에서 작은 무동력선으로 대구를 잡았던 아이슬란드는 동력 트롤어선을 도입하고 2차 세계대전동안 대구를 단백질 영양공급원으로 영국 등 유럽에 독점적으로 공급하게 되면서 반어반농 기반 수백 년 빈곤국가에서 탈피하게 된다.

대구 어업이 경제에서 아주 일부인 영국과 전부인 아이슬란드 사이에 1950년에서 1970년대에 걸친 세 차례 대구 전쟁은 어업권 분쟁이며, 실제 전사자는 운 좋게도 한 명도 없었다. 인구 30만 밖에 안 되고 변변한 군함도 없는 작은 나라 아이슬란드는 '대구 전쟁'에서 인구가 200배나 더 많고 항공모함까지 갖춘 영국에 모두

〈그림2〉 서유럽 방어 전략 요충지로서 아이슬란드 위치

이겼다. 전쟁은 단순한 무력 싸움만이 아니기 때문이다. 냉전시대 유럽 방어에 지정학적으로 결정적인 아이슬란드에 소련 공군이나 미사일 기지가 들어가는 것을 미국이나 NATO 국가들 모두 두려워했기 때문이다〈그림 2〉. 처음 어업권을 두고 벌어진 이 대구 전쟁은 결국 해양영토분쟁으로 발전하게 되고 결국 지금 세계 각국이 선포하고 있는 200해리 배타적 경제수역을 가져오게 하였다.

유럽 대구 어획 역사가 한국 수산업의 미래

북유럽 연안에서도 대구 어획량이 감소하는 위기가 있었지만 이미 국제해양수산기구인 ICES(International Council for the Exploration of the Sea)가 20세기 초에 설립되어 활발한 연구활동을 해왔기 때문에 수산자원 관리를 통해서 그 위기를 무난히 넘겼다. 그러나 북서대서양 뉴펀들랜드와 뉴잉글랜드의 경우 1990년대 중반 갑자기 대구가 거의 사라졌으며, 약 3만 명에 달하는 캐나다 대구 어업인들은 지금도 정부가 주는 생계지원금으로 살아가고 있다.

　뉴펀들랜드에서는 지금 약 20년 동안 대구 어획 모라토리엄을 시행하고 있지만 여전히 대구는 돌아오지 않고 있다. 언젠가는 대구가 돌아올 것이라는 믿음을 가지고 연구조사용 대구를 전통적인 손낚시로 잡으러 가는 뉴펀들랜드 어업인의 하루 일상으로 이 책은 시작된다. 대구 어획 1,000년 역사가 모두 14장에 걸쳐서 전개된다.

　책 곳곳에는 유럽과 북아메리카 곳곳의 전통 대구 요리법이 소개되어 있다. 책 마지막에는 다시 처음 뉴펀들랜드로 돌아가서, 대구가 더 이상 안 잡히자 어부들이 다른 직종으로 전업하고 선박은 묶여있거나 관광유람선으로 바뀌게 되면서, 앞으로 이 지역 대구 관련 문화가 완전히 사라질 것을 걱정하는 것으로 끝을 맺고 있다.

　유럽의 대구 어획 역사를 통해서 우리나라 수산업의 미래를 다시 볼 수 있으며, 해양 개척과 이용으로 어떻게 유럽이 19세기 후반 세계를 제패할 수 있게 되었는지 대구라는 한 생물종으로 새롭게 볼 수 있게 해준다.

명태는 어디로 갔을까

　우리나라에서 잡히는 대구는 대서양 대구(*Gadus morhua*)와 거의 비슷한 태평양 대구(*Gadus macrocephalus*)이다. 유럽인들은 대서양 대구가 훨씬 맛있다고 생각하며, 실제 어획량에서도 대서양 대구가 압도적으로 많이 잡힌다. 유럽인들은, 특히 아이슬란드 사람들은 대구를 뼈와 껍질까지 버리는 것 하나도 없이 다 먹었는데, 이는 우리나라 대구도 마찬가지다. 조선왕조실록에서도 곳곳에 대구가 언급

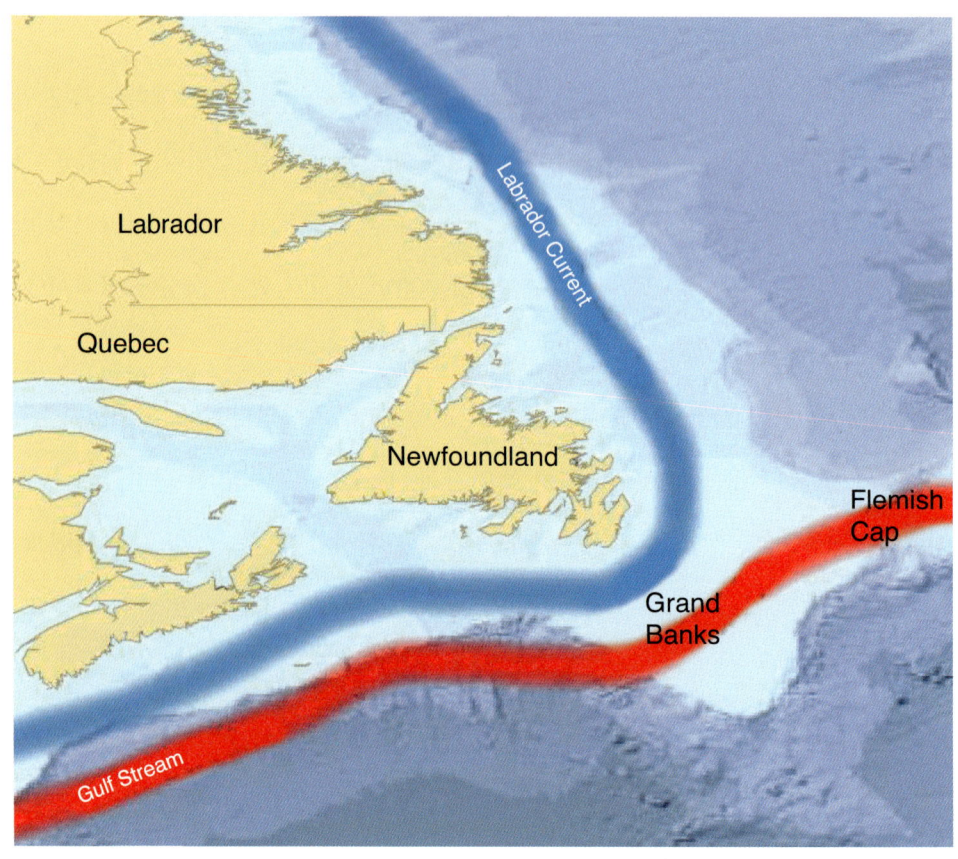

〈그림 3〉 뉴펀들랜드가 있는 그랜드 뱅크의 주요 해류

될 정도로 우리나라 역사에서도 대구는 중요한 어종이었겠지만 유럽 역사에서 대구의 중요성에는 비교할 바가 아니다. 그럼에도 지금 대구가 많이 잡히는 진해만 인근 대한해협, 그리고 동해 연안은 대륙붕으로 그 해양학적 특징이 심해에서 올라오는 찬물과 따뜻한 표층이 서로 만나는 뉴펀들랜드가 있는 그랜드뱅크(Grand banks)를 비롯한 다른 북서대서양 대륙붕과 유사하다〈그림 3〉.

냉수어종인 대구가 많이 잡힐 때는 청어도 따라 많이 잡히는데, 2000년대 이후 우리나라 바다에서 대구와 청어가 꾸준히 많이 잡히고 있다. 대구와 청어 서식지

서남방 한계가 우리나라 바다이기 때문인데, 동남해 저층 수온이 내려갔기 때문이다('그 많던 쥐치는 다 어디로 갔을까?' 편 참고). 그러나 같은 냉수성 어종인 명태는 대구, 청어와는 반대로 1990년대 이후 꾸준히 줄어서 지금은 우리 바다에서 거의 자취를 감추었는데 북한 원산 앞바다 부근에서는 표층과 저층 수온이 모두 올라갔기 때문이다('명태가 사라진 진짜 이유는?' 편 참고).

또 대구는 바다 바닥 기질에 붙은 침성란을 낳는 반면에, 명태는 알이 바다 속에서 위아래로 둥둥 떠다니는 부성란을 낳는 차이 때문에 기후변화에 이렇게 서로 반대되는 반응을 보이는데 것으로 추측되는데 앞으로 구체적인 연구 조사가 필요하다. 명태와는 달리 대구는 황해에서도 서식한다. 황해는 대구가 서식할 수 있는 경계 해역이라 그 환경이 대구에게는 가혹하다. 따라서 동남해 대구보다 천천히 자라는 반면 성숙은 1~2년 정도 빨리 하므로, 흔히 황해 대구를 '왜대구'라고 한다 (이경환 외, 2016. '동해와 황해 대구(*Gadus macrocephalus*)의 생물학적 특성 비교' 한국수산과학회지).

3부

우리나라 수산정책 문제점

어민을 죄인으로 모는 '남획' 남용

"지옥으로 가는 길은 선의로 포장(鋪裝)돼 있다(The road to hell is paved with good intentions)."

이 말은 유명한 서양 속담이며, 현대 자유주의 사상의 뿌리가 되는 말이다. 우리 인간 인식은 제한되어 있기 때문에 아무리 좋은 의도로 시작하더라도 그 결과는 우리가 예측한대로 굴러가는 경우가 별로 없다는 것을 인정하는 것이다. 그래서 큰 정부가 추진하는 계획경제에 반대하고, 시행착오를 통한 점진적인 개선을 통해서 사회 문제를 해결하려고 한다. 서양 사상의 뿌리라고 할 수 있는 2,000년 전 플라톤이 말한 '철인이 지배하는 이상사회' 건설이라는 선의는 현실에서는 히틀러의 나치즘(파시즘과 인종주의를 조합한 사상)이라는 20세기 괴물로 구현되었다. 다들 평등하게 잘 살자는 이상은 스탈린 체제와 지금 북한과 같은 지상 지옥으로 실현되었다. 그래도 불완전하지만 자유민주주의를 대부분 나라들이 채택하고 있는 것도 2차 세계대전을 비롯한 처절한 시행착오에서 배운 학습의 결과이다.

"추상적인 선을 실현하려 하지 말고 구체적인 악을 제거하려 노력하라."

현대과학 방법론의 철학적 토대를 세우고 정치에서 자유민주주의를 옹호한 20세기 오스트리아 철학자 칼 포퍼는 정부 정책을 어떻게 펴야하는지 이 한 문장으로 그의 생각을 요약하고 있다. 무슨 이상국가, 선진조국 창조, 바르게 살기, 시장 개혁과 같은 실체도 잘 모르는 관념적인 선의를 실현하려고 하다가는 그 의도와는 달리 최악으로 가기 쉽다는 말이다. 대신 사람들을 괴롭히고 불행하게 만들고 있는 현실에서 볼 수 있는 구체적인 악습이나 악법, 나쁜 정책 등을 잘 찾아서 없애면 세상은 저절로 더 나아진다는 것이다. 대통령 선거를 보기로 들면, 최선의 후보자를 고르려 하지 말고, 최악의 후보를 안 찍는 것이 유권자가 할 일이라는 것이다. 과학 이론에서는 한 과학 가설이 옳음을 증명하는 것은 불가능하나 틀렸음을 반증하는 것은 가능하다는 것이다.

선의로 포장된 지옥로

우리나라 수산 정책도 마찬가지이다. 그 실체도 모호하고 불확실한 수산자원 '회복'이니 '보호'니 하는 관념적인 목표를 실현하려고 온갖 규제를 새로 만들지 말고, 현실에서 어업인들을 괴롭히고 수산업 발전을 가로막고 있는 구체적인 악법과 규제들을 잘 찾아서 없애거나 개선하는 것이 수산업이 잘 되게 하는 효과적인 정책 방향이라는 것이다.

바닷물고기를 잡아서 사람들이 잘 먹게 해주어야 할 우리나라 수산정책의 목표는 '이용'이지 '보호'가 될 수는 없다. 지난 30년 동안 수산자원 보호니 회복이니 하는 관념적이고 윤리도덕 냄새마저 나는 이런 구호들이 수산정책의 핵심 목표로 자리잡게 된 이유는 무엇일까? 나는 그것을 '남획'이라는 말을 거리낌 없이 남용해온 해양수산부 정책개발자들, 그리고 그 이론적 토대를 제공한 국내외 수산학자들이라고 본다.

지나치게 많이 잡는다는 '남획'이라는 말은 대부분 그 기준도 없이 그냥 한 어종이 유난히 많이 잡히면 막연히 남획되었다고 이야기해왔다. 많이 잡히는 것과 남획은 다른 개념이다. 그나마 조금 나은 것이 단위노력당 어획량 자료를 가지고 지속적 최대 생산량(MSY)을 정량적으로 추정해서 이것보다 많이 잡으면 남획이라고 정하는 것이지만 몇십 년에 걸쳐 일어나는 장기적인 생태계나 환경 변화를 반영할 수 없다는 단점이 있다. 더구나 지난 연재에서도 설명했듯이 믿을만한 어획노력량을 추정하기 힘들기 때문에 불확실성이 크다. 우리나라의 경우, 전체 수산자원량이라는 것은 일정하다 가정하고 연간 어획량은 어획노력량에 비례한다고 보는 것이 차라리 낫다.

어획량 급감 원인은 무조건 남획?

1950년대 미국 캘리포니아 앞바다에 정어리 어획고가 급감하자 대부분의 수산학자들이 남획을 그 원인으로 꼽고 어획을 금지시켰다. 그러나 퇴적물에 쌓인 비늘로 지난 2,000년 동안 정어리 개체수 변동을 캘리포니아와 일본 큐슈 앞바다에서 복원해보니 그런 큰 개체수 변동은 어업이 없더라도 일어났던 기후변화와 같은 몇십 년 주기의 자연 변화가 그 원인임이 점차 밝혀지게 되었다('그 많던 쥐치는 다 어디로 갔을까?' 편 참고).

물론 남획과 같은 과도한 어획활동으로 바다생물종이 멸종을 할 수도 있는데, 특히 덩치가 크고 수명이 길며 낳는 새끼 수가 적은 고래나 물범과 같은 바다 포유류가 대표적이다. 육지에서도 공룡이나 매머드는 멸종했다. 우리나라에서 호랑이는 멸종했다. 그러나 DDT와 같은 살충제를 그렇게 뿌려도 몸 크기가 작은 모기나 바퀴벌레는 개체수가 줄어들지 않는다. 바다에서도 마찬가지로 몸 크기가 작고 수명이 짧으며 낳는 알 수도 많은 멸치나 정어리와 같은 어종들은 어획활동이 아무리 심하더라도 멸종하지 않는다.

어떤 한 어종의 개체수나 어획고가 변동하는 원인은 여러 가지이며 우리는 아직도 그 원인을 정확히 알지 못한다. 그런데도 지난 몇십 년 동안 한 어종 어획고가 급감하면 무조건 '남획'을 그 원인으로 지목했다. 정어리, 명태, 말쥐치, 참조기, 갈치가 대표적이다.

이 '남획'이라는 말은 정치적이다. 원인은 여러 가지이고 또 정확히 알지도 못하면서, 어획고가 급감한 책임을 모두 어민 탓으로 일단 돌리는 것이다. 그리고는 어업을 방해하는 온갖 법과 규제를 만들어 어민들을 잠재적 범죄자로 만든다. 우리나라 수산법과 규제들은 얼마나 복잡한지 바다에 온통 부비트랩을 깔아놓은 듯하다. 고기를 잡다보면 한 번은 해양경찰에 잡히게 만들어놓았다.

또 불법이라도 보통 때는 그냥 눈감아주다가 정치적으로 필요할 때 갑자기 단속을 하기도 한다. 해양수산부와 어업인과의 관계를 검찰과 범법자들 관계와 같이 만들어놓은 것이다. 나는 미국 유학생활을 마치고 막 귀국하였을 때 해양수산부 일부 공무원들이 당연하다는 듯 어업인들을 무슨 죄인으로 여기는 것을 보고 깜짝 놀랐다. 지금도 그러고 있다. 그러면서 자기들이 펴는 수산정책들이 모두 거꾸로 되어 수산업을 죽이고 있지는 않는지 의심도 한번 안 해본다.

서해 참조기의 예

몇 년 전에 캐나다 브리티시 컬럼비아 대학교 수산연구팀이 동중국해와 황해

수산 국제연구 과제를 하면서 한국 대표로 나를 중국 칭다오 해양대학에 초청을 한 적이 있다. 이틀 동안 자유토론을 하는데, 캐나다 연구자들이 황해는 남획이 많이 되었다고 아주 당연하다는 듯이 이야기를 반복했다. 몇 시간을 그냥 듣고 있다가, 더 못 참고 황해는 수산물 생산성도 높을 뿐만 아니라 외부 충격에 잘 견디는 탄력적인 해양생태계라고 반박을 했다. 그러면서 자꾸 남획, 남획 하는데 황해에서 남획으로 자원이 고갈된 어종이 있으면 많이도 말고 딱 1종만 예를 들어보라고 했다.

그랬더니 참조기를 예로 드는 것이었다. 우리나라 수산학자들이 1990년대 참조기 어획고가 줄어든 것이 남획 때문이라고 얼마나 국내외에서 떠들었으면 중국 수산학자는 물론 이젠 캐나다 연구자들까지 황해 참조기가 남획 때문에 자원이 고갈되었다고 저렇게 굳게 믿게 되었는지, 그 '카더라'의 위력은 국내뿐만 아니라 국제적으로도 통하는 것을 확인했다.

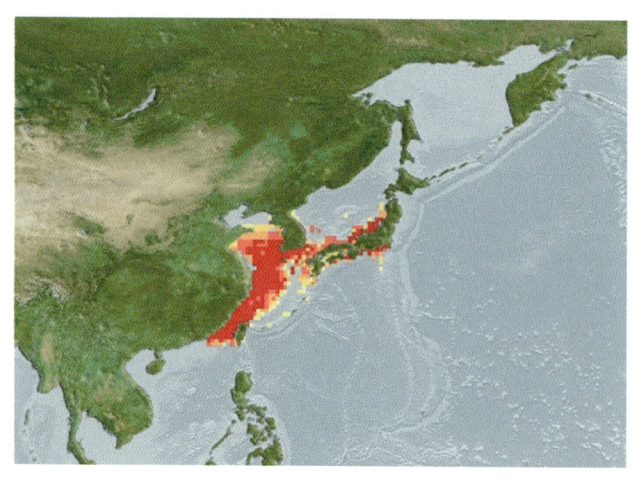

〈그림1〉 참조기 *Larimichthys polyactis* 서식지
(출처: http://www.fishbase.jpg)

그럼 과연 황해 참조기가 남획으로 자원이 고갈되었는지 한 번 검토를 해보자. 〈그림1〉은 참조기 세계 서식지 분포도이다. 참조기 서식지는 동중국해부터 서해 연평도까지, 대한해협과 일본 큐슈, 혼슈 연안을 포함함을 짐

작할 수 있다. 여기서 중요한 것은 우리 서해는 참조기 서식지 분포의 북방한계라는 것이다. 즉, 우리 어선이 참조기를 주로 잡는 서해 면적은 전체 참조기 개체군 분포 범위에서 보면 1/5 정도 밖에 되지 않으며, 모호하게 보였던 그 참조기 전체 자원량이라는 것은 우리 어선들이 잡을 수 있는 서해 참조기 개체군의 5배 이상 크기라는 점이다. 이는 말쥐치, 정어리, 갈치에도 해당한다('그 많던 쥐치는 다 어디로 갔을까?' 편 참고). 따라서 기후변화와 같은 환경 요인 때문에 그 서식지가 조금만 남쪽으로 수축되어도 우리나라 바다에서는 어획고가 크게 줄어드나, 그 남쪽 동중국해에서는 여전히 많이 서식하고 있음을 짐작할 수 있다. 전체 서식지에서 보면 고갈되지 않았다는 말이다. 이것은 말쥐치도 마찬가지이다.

공식 통계에 따르면 참조기를 주로 잡는 나라는 중국과 한국이다. 〈그림 2〉는 1950년부터 우리나라 영해(배타적 경제수역)에서 잡은 한국과 중국 참조기 연간 어획고이다. 서해에서 우리나라 어선은 적어도 1950년부터 꾸준히 참조기를 잡아왔고, 1990년대 이후에는 중국 어선도 본격 참조기를 잡는 것으로 보인다.

파랑색 선은 우리나라 어선이 잡은 참조기 어획고인데 검은 화살표로 표시한 1990년대에 어획고가 꾸준히 줄어들었음을 알 수 있다. 이 무렵 참조기가 남획 때문에 자원이 고갈되었다는 이야기가 나오기 시작했고 지금까지 많은 사람들이 그렇게 믿고 있다. 그러나 참조기는 2000년대 초반 어획고가 다시 급증하여 2011년에는 남한 공식 통계로는 사상 최대인 약 6만 톤을 기록한다. 1990년대에 남획 때문에 자원이 고갈되었다면 어떻게 참조기가 2011년에 최대 어획고를 기록할 수 있는가?

〈그림 2〉 파란색 선을 자세히 살펴보면 서해 참조기 어획고는 1950년 이후 약 15

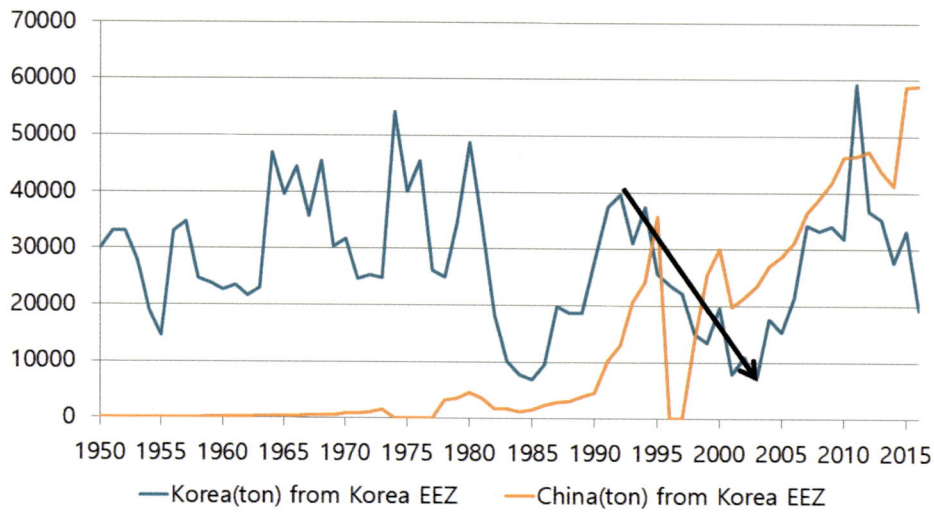

〈그림2〉 우리나라 서해 참조기 국가별 어획고 (단위: 톤/년)
(출처: http://www.seaaroundus.org)

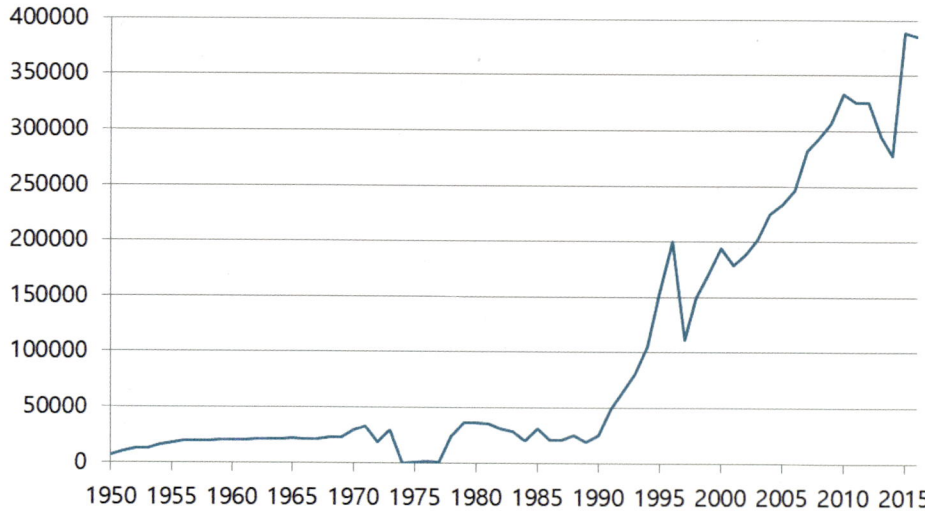

〈그림3〉 동중국해와 황해에서 중국 참조기 어획고 (단위: 톤/년)
(출처: http://www.seaaroundus.org)

년을 주기로 등락을 반복했음을 알 수 있다. 따라서 10년 단위 주기의 기후변화와 같은 환경요인 변화 때문에 그 서식지 북방한계가 북쪽 서해 연평도에서 남쪽 제주도까지 오르락내리락했던 것이 그 어획고 변동의 원인이었음을 추측해볼 수 있는데, 앞으로 구체적인 조사 연구가 필요하다.

또 북방한계가 남북으로 이동하면서 해역별로 참조기 나이나 체장 구성, 그리고 성숙 체장이 어떻게 변하게 되었는지 조사를 할 수 있다면 참조기 생태에 대한 구체적인 지식을 얻어 참조기를 더 효과적으로 이용할 수 있을 것이다.

〈그림 2〉에서 빨간색 선은 중국어선이 우리나라 서해에서 잡은 어획고를 나타내는데, 최근에는 우리나라가 잡는 것보다 더 많은 양을 우리 바다에서 잡고 있는 것으로 보인다. 2000년대 초반 이후로는 한국과 중국 어선이 매년 잡은 참조기 어획고는 1950년부터 1990년까지 한국 어선만 잡았을 때보다 약 2배 이상 더 늘어났다. 남획으로 자원이 고갈되었다면, 서해 참조기 어획고가 어떻게 2배나 더 늘어날 수 있는가?

〈그림 3〉은 중국 어선이 동중국해와 황해 전체에서 잡은 참조기 어획고를 나타낸다. 중국 참조기 어획고는 1990년부터 꾸준히 증가하여 최근 2015년에는 약 40만 톤을 기록하고 있다. 참조기를 잡는 중국 어선수가 꾸준히 늘었기 때문으로 보인다. 우리나라가 서해에서 잡은 연간 최대 어획고가 6만 톤이었으니 우리나라보다 6배 이상 많이 잡고 있는 셈인데, 중국 영해 면적이 우리나라 서해 면적보다 넓기 때문이다. 1990년대 한국이 최대 4만 톤 잡았으니 남획이라고 했던 참조기는 2010년 이후 그 10배인 40만 톤을 중국과 한국 어선이 잡아도 여전히 잘 잡히고 있다(2011년 이후 유독 한국 참조기 어획고만 줄어든 것이 중국 어선과 경쟁 때문

인지, 금어기와 같은 국내의 과도한 어업 규제 때문인지, 또는 환경변동 때문인지는 추가적인 분석이 필요할 것으로 보인다).

많이 잡았나?, 많이 잡혔나?

지금까지 검토해보았듯이 1990년대 참조기가 남획되었다는 근거는 별로 없어 보인다. 이는 남획(Overfishing)이라는 말 자체가 기준도 모호한 용어이기 때문이다.

많이 잡은 것인지 많이 잡힌 것인지도 구분을 하지 못한다. 무엇보다도 기후변화를 비롯한 여러 가지 요인으로 변동하는 단일 어종 어획고 감소원인 책임을 무조건 어민들에게 덮어씌우면서 그들을 잠재적인 범죄자로 낙인찍는 정치적으로 또 과학적으로 옳지 못한 용어다.

나는 지금까지 국내·외에서 우리나라 바다에서 남획 때문에 자원이 고갈되었다는 어종을 한 번도 제대로 들어본 적이 없다. 흔히 수산전문가라는 사람들에게 예를 딱 1종만 들어보라고 하면 다들 머뭇거리거나, 그래도 제일 자신 있는 참조기를 마지못해 꺼낸다. 그러나 지금까지 살펴보았듯이 참조기는 자원이 고갈되지 않았다.

한국, 중국 공식통계에 따르면, 한 때 4만 톤 잡았으니 남획이라고 했던 참조기는 그 10배인 40만 톤을 잡고 있어도 여전히 잘 잡히고 있다. 어떤 조사나 연구도 하지 않고, 하다못해 이웃 나라 사정이라도 알아볼 생각도 하지 않으면서 좁은 우리나라 바다 일부만 보고서는 무턱대고 남획 때문에 어획고나 자원이 감소했다고 큰 소리 치는 나쁜 관행부터 없애는 것이 수산업을 살리는 구체적인 방법이다. 어부는 죄가 없다.

산란기에 금어기 지정?
··· 근거 없는 관행

우리나라 사람들은 알탕을 즐겨 먹는다. 물론 서양에서도 철갑상어나 연어 알로 만든 캐비아를 진미로 쳐주지만, 우리나라에서는 명태알 뿐만 아니라 알이 밴 생선을 통째로 삶는 탕도 좋아한다. 이 때문인지는 몰라도 우리나라에는 특이하게도 알밴 꽃게나 산란기 물고기를 특별히 보호하여 못 잡게 하려는 수산업법 조항들이 있다. 미국 동부에서도 대서양 꽃게(Blue crab)가 인기가 많은데 우리나라와는 반대로 알을 밴 꽃게는 별로 값을 안 쳐준다. 따라서 알밴 꽃게를 가지고 특별히 규제하지 않는다.

우리나라에서는 일반인은 물론이고 해양수산부 공무원이나 수산 관련기관 연구자들마저도 알밴 생선이나 명란과 같은 생선알을 즐겨 먹는 우리나라의 독특한 식습관 때문에 연근해 어족자원이 더 줄어든다는 말을 하곤 한다. 또 알밴 수산물이나 산란기 어미를 팔다가 어업인이나 상인들이 경찰에 적발되었다는 언론보도로 간간이 나오고 있는데, 수산학을 연구하는 한 사람으로서 안타까운 마음이 들 때가 한두 번이 아니다.

알 밴 암컷은 잡으면 안 된다?

결론부터 말하자. 알을 밴 어미를 잡으나 알을 배지 않은 어미를 잡으나 수산자원 보호에는 아무런 차이가 없다. 또 산란기를 금어기로 지정하는 것이나, 비산란기를 금어기로 지정하는 것이나 수산자원 변동이나 보호효과에는 아무런 차이가 없다. 산란기 위주로 금어기를 지정하는 것 역시 근거 없는 관행에 지나지 않는다.

왜 그런지 간단한 꽃게 퀴즈로 설명을 해보자. 쉬운 문제지만 많은 사람들이 제대로 풀지 못한다. 쉽게 생각하면 유치원생도 풀 수 있는 문제지만 어렵게 생각하면 수산 분야 박사님들도 제대로 못 푼다.

〈그림 1〉은 꽃게 암컷 1마리 일생을 나타내는 모식도이다. 지난 해 여름에 태어난 ①로 표시한 새끼 꽃게가 2월쯤 탈피해서 자라 3월에는 ②처럼 몸집이 약간 커진다. 그러다가 산란기인 6~7월에는 ③에서 표시한 것처럼 알을 100만 개 밴다고 하자. 그러다가 8월 1일에는 이 알 100만 개를 바다에 한꺼번에 방출한다고 하자. 이 꽃게 1마리를 잡지 않고 바다에 그냥 두면 알 100만 개를 바다에 방출하는데,

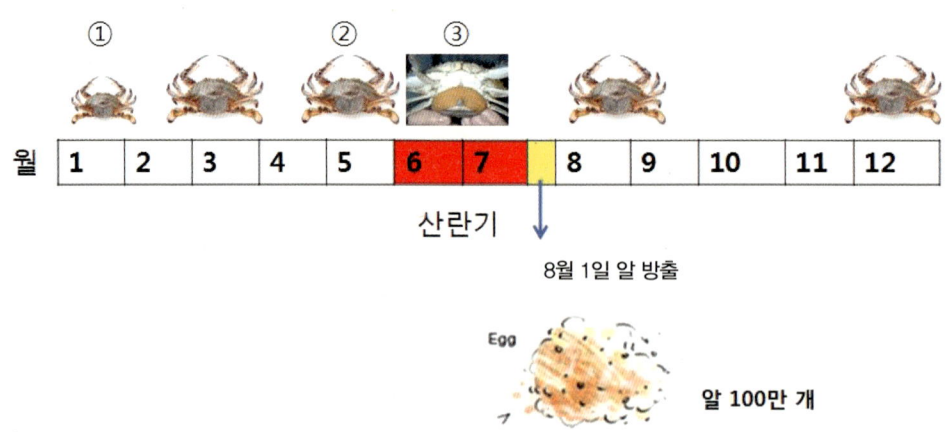

〈그림 1〉

이 경우를 어획이 없는 자연상태라고 하자. 만약 이 꽃게를 산란기인 ③번 때 어민이 잡아버린다면 바다로 방출된 알 수는 0개이고, 어획이 없었던 자연상태에 비교해서 알이 1백만 마리 줄어들 것이다. 이 경우를 어획상태라고 하자. 즉 자연상태에는 꽃게 1마리가 알을 100만 개를 바다에 방출했지만, 어획상태에서는 0개를 바다로 방출하였으므로, 줄어든 알 수는 100만 개다.

(퀴즈 1) 그럼 알을 배지는 않았지만 몸 크기는 같으면서 산란기 직전인 ②번일 때 그 꽃게를 어민이 잡아버렸다면 자연상태에 비교해서 줄어든 알 수는 몇 개인가?

(퀴즈 2) 몸집이 더 작고 알도 배지 않은 ①번 새끼일 때 그 꽃게를 어민이 잡아버렸다면 자연상태에 비교해서 줄어든 알 수는 몇 개인가?

(퀴즈 3) 확인할 겸 원래 문제를 다시 물어보자. 산란기 동안인 ③번일 때 꽃게를 어민이 잡아버렸다면 자연상태에 비교해서 줄어든 알 수는 몇 개인가?

(정답) 1, 2, 3번 모두 100만 개이다.

산란기에 금어기를 해야 한다?

산란기에 잡으나 산란기 전에 잡으나 어획으로 줄어든 알 수는 100만 개로 차이가 없다는 말이다. 특별히 산란기에 못 잡게 한다고 해서, 비산란기에 못 잡게 하는 것과 비교해서 바다로 방출되는 알 수가 증가하지는 않는다는 말이다.

그럼 이런 질문이 나온다. 산란기인 ③번 6~7월까지는 알겠는데 알을 방출한 다음 가을에 잡으면 줄어든 알 수는 0개로 알 보호에 유리하지 않느냐고 묻는다. 맞는 말이다. 그러나 꽃게는 1년 단위로 생활사를 반복하므로 내년에도 산란기가

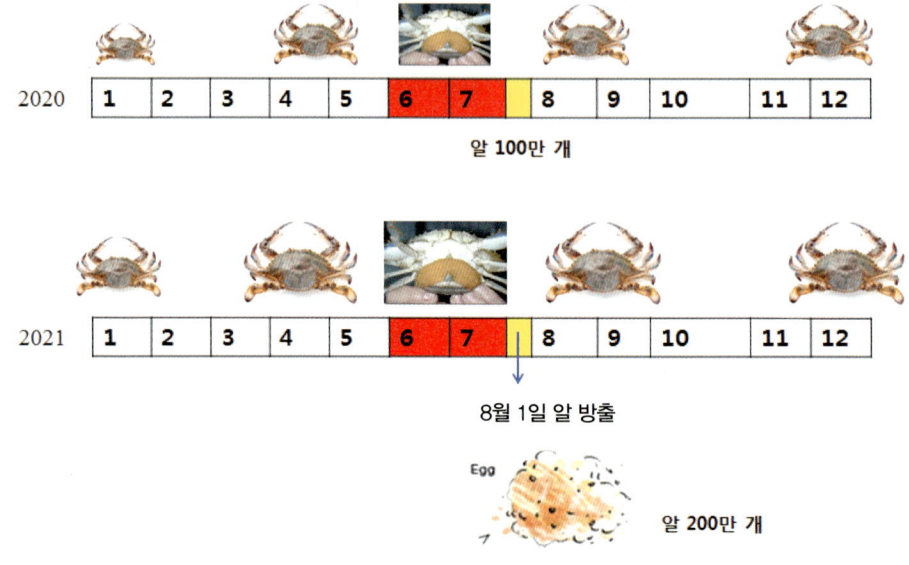

〈그림 2〉 꽃게 1마리 일생

반복된다. 〈그림 2〉는 2살 때까지 꽃게를 포함시킨 것이다. 첫 산란을 마친 2020년 8월 1일 이후부터 다음 해 산란기 마지막 날인 2021년 7월 31일까지 어느 때 1살이 된 이 암컷 꽃게를 잡더라도 자연상태에 비교해서 줄어든 알 수는 200만 개로 똑같다. 마찬가지로 두 번째 산란을 마친 2021년 8월 1일 이후부터 그 다음 해 산란기 마지막 날인 2022년 7월 31일까지 어느 때 2살이 된 이 암컷 꽃게를 잡더라도 자연상태에 비교해서 줄어든 알 수는 같다. 따라서 산란기에 못 잡게 하거나 비산란기에 못 잡게 하거나 알 보호에는 차이가 없다는 말이다. 따라서 알밴 꽃게만 골라서 못 잡게 하는 현행 수산업법 조항은 그 근거가 없다. 하루하루 생계 꾸리기에도 바쁘고 힘없는 서민들을 괴롭히는 악법밖에 되지 않는다.

우리 눈으로 알을 볼 수 있느냐 없느냐 차이지 알을 배었든 배지 않았든 꽃게 1

마리를 잡아 줄어드는 알 수는 같다. 알을 배지 않은 어린 꽃게라도 지금 당장은 우리 눈에 알이 안보일지라도 태어나면서 이미 평생 낳을 알을 몸 안에 모두 다 가지고 있는 셈이다. 이것은 사람도 마찬가지다. 여자가 태어나면서 평생 낳을 난자를 약 12(개월)×40(년)=480개를 이미 가지고 있는 셈이다.

개체군 역학

여기까지 설명을 하면 이젠 꽃게 1마리를 가지고 이야기하는 것은 알아듣겠는데 꽃게 1,000마리와 같이 개체군을 보았을 때는 좀 이해하기 어렵다는 이야기도 나오고, 심지어는 수산 관련 연구자들도 1마리가 아닌 전체 개체군을 보면 산란기를 금어기로 지정하는 것이 알 보호에 효과가 있을 것이라고 막연히 추측해서 이야기한다. 지난해에 국민신문고에 이 문제를 가지고 알밴 꽃게를 팔았다고 처벌하는 악법을 없애달라는 민원을 넣었더니 같은 답변이 되돌아왔다.

꽃게 개체군을 가지고 설명하려면 개체군 변동에 관한 기본지식이 좀 필요한데, 사람을 대상으로 하면 인구학이라고 하고, 생물을 대상으로 하면 개체군 역학이라고 한다. 이름과 다루는 대상만 다르지 그 수학적 원리나 내용은 같다.

사람 인구나 생물 개체수 변동은 일정한 비율로 더해지는 직선적인 증가가 아니라 곱해지는 기하급수적인 증가나 감소를 보인다. 가령 막걸리를 발효할 때 쓰는 효모는 2분법으로 증식을 하는데, 1시간에 한 번씩 증식을 한다면, 처음 1개였던 효모는 1시간이 지나서는 2개가 되고 2시간이 지나서는 4개가 되어 개체수 N=1, 2, 4, 8, 16…, 10시간이 지나면 2^{10}=1,024개로 증가한다. 반대로 알에서 부화한 꽃게들은 다른 포식자들에게 잡아먹히면서 자연사망으로 죽어 가는데, 가령

1,024마리 꽃게가 한 달에 50%씩 먹혀 자연사망으로 이어진다면 매달 꽃게 개체수 N=1,024, 512, 256…, 1마리로 줄어들게 된다. 이렇게 기하급수적으로 줄어드는 꽃게 개체수에 log2를 붙이면 값이 직선형이 되어 수학식으로 표현하고 계산하기에 쉬워진다.

$N=2^{10}, 2^9, 2^8…, 2^0$

$log2(N)=10, 9, 8…, 0$

이 경우 log2(N)은 한 달에 1씩 줄어들므로 X축을 시간이라고 하고 Y축을 log2(N)이라고 두면 그 기울기는 −1이다. N에 log2 대신에 자연로그(loge, ln)를 취해도 직선형으로 바뀌는데, 이 때 기울기에서 마이너스(−) 부호를 떼어 양수로 바꾸어준 값을 순간자연사망계수(M)라고 한다. 가령 50% 사망률은 약 0.7의 순간 사망계수에 해당한다.

일정한 확률 또는 비율인 사망률(또는 생존율)이 계속 곱해져서 줄어가는 꽃게 개체수는 로그(log)를 취하면 직선으로 표현할 수 있는데, 〈그림 3〉에 나타내었다. ①에서 보면 기울기가 자연사망(M)외에도 어획사망(F)도 같이 있는데, 이는 꽃게 개체수 N이 자연사망뿐만 아니라 어획으로도 줄어들기 때문이다. 금어기 동안에는 F=0이 된다. M도 죽을 확률이고 F도 잡힐 확률이라 확률끼리 서로 곱해주어야 하는데, Y축 N에 로그를 취하면 곱하기는 더하기로 바뀌므로 M과 F가 같이 일어나는 경우의 기울기는 더하기로 나타낼 수 있으므로 M+F도 직선이 된다. ②에서 보면 M+F와 M의 기울기 차이를 알 수 있는데, M+F는 M보다 크거나 같으므로 M+F가 M보다 더 가파르다. 더 완만한 M은 파랑색으로 표시했다.

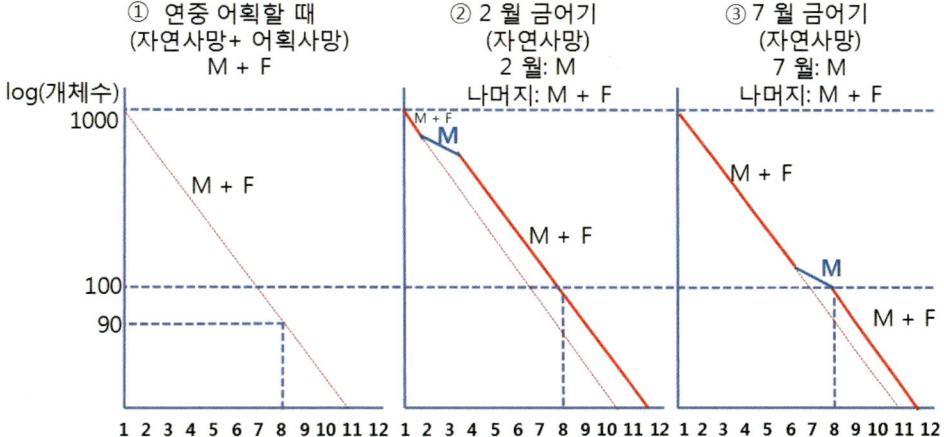

〈그림 3〉 꽃게를 비산란기(2월)과 산란기(7월)를 금어기로 지정할 때 개체수 변동 차이. M은 순간자연사망률, F는 순간어획사망률로 직선의 −(기울기)를 말한다. 금어기 동안에는 F=0이 된다. 암컷 꽃게 한 마리가 8월 1일에 100만 개 알을 낳는다면 2월을 금어기로 하나 7월을 금어기로 하나 8월 1일에 낳는 전체 알 수는 100(마리)×100만(개/마리)=1억 개로 같다.

개체군 증감에 미치는 영향 차이 없어

그럼 연초에 새끼 꽃게 1,000마리 있다고 했을 때, 금어기를 비산란기인 2월 한 달로 정하는 것과 산란기인 7월 한 달을 정했을 때를 비교했을 때 8월에 바다로 방출한 알 수가 차이가 나는지 살펴보도록 하자.

먼저 〈그림 3〉에서 ①은 금어기를 정하지 않아서 연중 사망률이 M+F로 일정한 경우다. 이 경우 1월에 1,000마리였던 새끼 꽃게는 8월 1일 90마리가 살아남으므로 방출 알 수는 90×100만=9,000만 개다. ②와 ③은 금어기를 연중 한 달씩 지정한 경우인데 ②는 2월에 ③은 산란기인 7월에 지정했다. 따라서 금어기 동안 어획이 없으므로 어획사망률 F=0이 되고 개체군 변화 기울기는 M+F에서 M으로 더 완만해진다. 즉 ②에서는 2월에 완만해지고 ③에서는 7월에 완만해진다. 7월에 금어기를 한 ③이 ②보다 개체수가 더 빨리 줄어들지만 8월 1일이 되면 살아남은 꽃게 개체수는 100마리로 같다. 따라서 바다에 방출하는 알 수는 100마리×100만=1억 마리로 동일하다.

지금까지 이해를 쉽게 하기 위해서 꽃게를 보기로 들었는데, 대구와 고등어 같은 물고기에도 똑같이 해당하는 원리이다. 따라서 알을 밴 암컷을 잡는 것이나 알을 배지 않은 암컷을 잡는 것이나 개체군 증감에 미치는 효과는 아무런 차이가 없다. 알이 당장 우리 눈에 보이지 않을 따름이지 산란기가 되면 알을 밸 것이기 때문이다. 알이 우리 눈에 보이는 것과 보이지 않는 차이밖에 없다. 또 산란기에 어획을 금지하는 것이나 산란기가 아닌 기간에 어획을 금지하는 것이나 그 날짜 수와 어획강도 또는 어획사망률이 같다면 개체군 증감에 미치는 효과는 아무런 차이가 없다.

물론 여기에 예외도 있는데 산란기에 특정 연령대 물고기가 대구처럼 진해만과 같은 얕은 연안에 몰려오게 된다면 산란기 어획금지는 어획강도를 낮추는 역할은 할 수 있다. 그러나 산란기에 알을 밴 대구를 잡든 알을 배지 않은 암컷 대구를 잡든 그 개체군 전체가 낳는 알 수에서는 차이가 없다. 이런 몇 가지 특수한 경우를 제외하면 산란기를 가지고 금어기를 정하는 것은 효과적인 수산자원 보호방법이 아니다. 지금 우리나라 수산업법은 대부분이 산란기를 금어기로 지정하고 있는데 다른 사회경제적인 요인을 고려해서 금어기를 정하는 것이 더 낫다.

다른 생선요리와 마찬가지로 알탕을 맛있게 먹어도 된다. 알을 먹든 등살을 먹든 뱃살을 먹든 물고기 1마리가 죽었다는 점에서는 아무런 차이가 없다. 알을 먹었다고 특별히 죄의식 가질 필요가 없다는 말이다. 알밴 어미 잡았다고 특별히 단속하고 처벌하는 수십 년 된 낡은 수산업법 조항은 속히 개정해야 한다.

미국에서 알밴 꽃게 값이 더 싼 이유

우리나라 사람들은 유달리 먹는데 관심이 많다. 2021년 5월에 우리나라 신문들은 문재인 대통령과 조 바이든 미국 대통령이 현지 시각 21일 미국 워싱턴 D.C. 백악관 야외테라스에서 '메릴랜드 크랩' 케이크로 아침을 같이 먹으면서 정상회담을 가졌다고 보도했다.

미국 꽃게

'메릴랜드 크랩'이라면 미국에서는 '블루 크랩'(Blue crab: 푸른 게, 학명: *Callinectes sapidus*)이라고 하는 우리나라 꽃게(*Portunus trituberculatus*)와 비슷한 종이다. 우리나라 꽃게보다 다리가 유달리 더 푸르지만 삶으면 빨갛게 되는 것은 똑같다. 이 대서양 꽃게는 껍질이 더 부드러우나 맛은 우리나라 꽃게에 못 미친다. 워싱턴 D.C. 옆 체사피크만(Chesapeake Bay)에서 주로 잡는데 1990년대만 해도 우리나라 꽃게 값 1/10도 안 해 한 때 비행기에 실어 우리나라에 수출까지 했다. 그 뒤로는 값이 많이 올랐다. 어획고 연 변동이 매우 커서 값도 들쭉날쭉 한다.

체사피크만은 미국에서도 연구가 가장 많이 된 해양생태계이다〈그림 1〉. 대통령과 정치인들이 사는 미국 수도에 가장 가까운 바다라는 것이 가장 큰 이유일 것이다. 면적은 황해 1/30 정도이고, 남북 길이는 약 300km, 동서 최대 폭은 48km, 평균 수심은 6.4m이다. 16세기 말에 유럽인들이 처음 이 만을 보았을 때는 '물반 고기반'이라 그냥 국자로 바닷물을 퍼올려도 고기를 잡을 수 있었다고 전해진다. '체서피오악'은 북아메리카 원주민 알곤킨 말로 '큰 강에서'라는 뜻이었다.

〈그림 1〉 체사피크만

원래 체사피크만 하면 '굴'(Crassostrea virginica)이 가장 유명한 수산물이었다. 한 때 미국 전역에 팔기도 했고, 19세기 이 굴을 신선하게 운송하려고 미국 서부까지 철도를 놓기도 했다. 그런데 질병에 약해서 20세기 들어와서 거의 사라져버렸다. 굴이 사라진 대신 꽃게가 많이 잡혔다.

알밴 꽃게 값이 더 싼 미국 꽃게

미국 꽃게를 메릴랜드주에서는 주로 통째로 쪄서 요리하는데, 껍질이 부드러워 나무망치로 살살 깨뜨려 먹으면 된다. 올드 베이(Old Bay)라고 하는 라면 수프 같은 것을 양념으로 뿌리는데 중독성이 있다. 짜서 맥주랑 먹는다. 좋아하는 사람은 밤새도록 먹을 수 있다고 한다. 우리나라와는 반대로 알밴 암컷이 값이 더 싸다. 또 탈피를 막 마친 것을 '소프트 크랩'(Soft Crab)이라고 하는데, 껍질 안 벗기고 바로 먹어도 된다.

2000년 들어 워싱턴 DC나 발티모어 항구 식당에서 파는 크랩 케이크는 대부분이 체사피크만산 꽃게가 아니라 동남아시아에서 수입한 것으로 만든다. 미국산 꽃게가 그만큼 비싸졌기 때문이다.

미국 동부 체사피크만에서 알밴 꽃게 값이 더 싼 이유는 알밴 암컷은 영양분과 에너지를 알을 만드는데 소진했기 때문에 살이 많지 않아 어시장에서 거의 팔리지 않기 때문이다. 알밴 꽃게를 좋아하는 우리나라와는 반대이다. 미국 체사피크만에서 수컷 꽃게는 버켓 하나(bushel)에 110달러 하지만, 암컷은 40달러, 알밴 암컷은 5달러 이하이다. 이런 경제적인 이유 때문에 메릴랜드 주에서는 알밴 암컷 잡는 것을 규제하기도 한다. 그러나 알밴 암컷이 주로 잡히는 곳은 버지니아 주이다.

우리나라 꽃게나 미국 꽃게나 생활사는 물론 생태도 거의 같지만, 연구는 미국 꽃게가 훨씬 많이 되어 잘 알려져 있다. 체사피크만 암컷과 수컷 꽃게는 주로 같이 안 지내지만 짝짓기 할 때만은 수심이 얕은 같은 공간에서 지내야 한다.

어린 암컷 꽃게가 여름에 어른이 되면서 화학물질을 밖으로 내보내 수컷을 유인한다. 수컷은 이틀 정도 암컷과 붙어 있다가 암컷이 탈피를 하면 짝짓기를 한다. 암컷은 평생 필요한 정자를 이 때 딱 한 번 모두 수컷으로부터 받아들여 몸에 보관을 하다가 산란기가 되면 정자와 난자를 수정시켜 조금씩 알을 배어 방출한다. 정자를 받은 암컷은 대개 수심이 더 깊은 남쪽으로 회유를 하나, 수컷은 그 자리에 머문다.

암컷과 수컷 모두 겨울에 바닥에 몸을 묻어 겨울을 난다. 체사피크만에서는 수산학자들이 겨울에 바다에서 잠을 자는 꽃게를 갈쿠리그물(형망, 桁網, Dredge)로 잡아서 해마다 전체 자원량을 추정한다. 매년 산란기 동안 3번 정도 스펀지처럼 생긴 알 덩어리를 배는데, 덩어리 하나는 약 300만 개 알로 이루어져 있다. 암컷 한 마리는 평생 수천만 개 알을 방출하지만, 그 중 다시 알을 낳을 수 있는 어른 게로 살아남는 것은 딱 2마리밖에 되지 않는다.

메갈로파 유생 회귀량이 어획량 결정요인

〈그림 2〉는 꽃게 생활사를 나타낸 것인데, 다른 게들도 마찬가지이다. 얕은 연안에서 방출된 알은 부화하여 조에아(Zoea) 유생이 된다. 조에아는 그리스어 zōē에서 온 라틴어로 '생명'을 뜻한다. 조에아는 헤엄칠 수 있는 능력이 거의 없는 플랑크톤이기 때문에 해류에 따라 쉽게 바다로 퍼져버린다. 체사피크만에서는 방출된

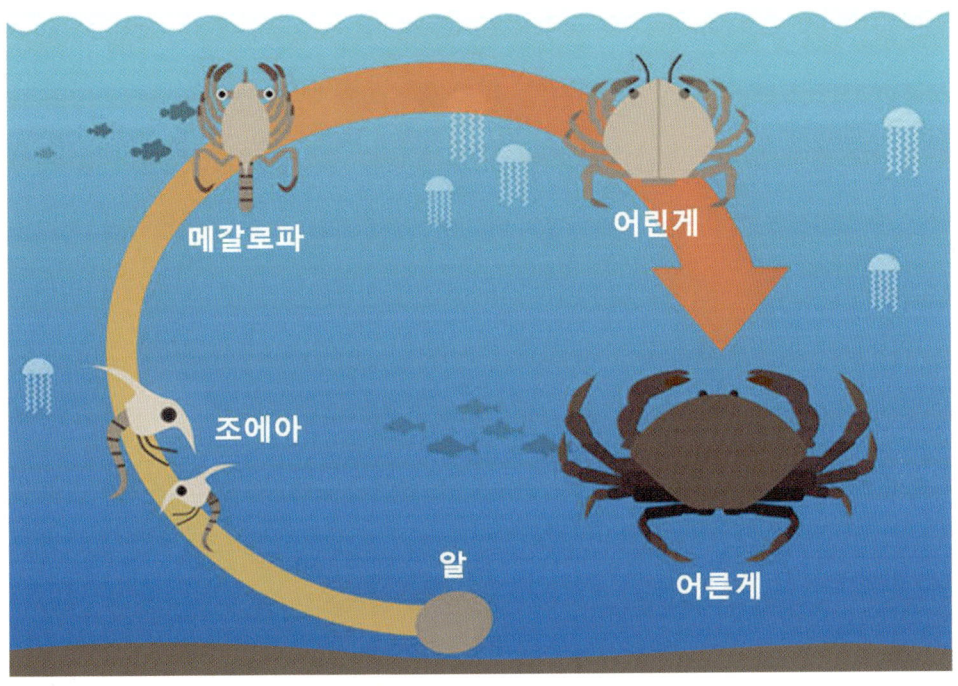

〈그림 2〉 게 생활사

조에아가 만(灣) 밖 외해로 대부분 나가버린다.

조에아는 동물플랑크톤을 먹으면서 약 한 달에 걸쳐서 7번 탈피한 다음 메갈로파(Megalopa) 유생으로 발달한다. '메갈로'는 그리스어로 '크다'는 뜻이고, '오파'는 '눈'이라는 뜻이다. 조에아보다는 훨씬 커져 운동 능력도 향상되었지만 그래도 여전히 플랑크톤이라 해류를 거슬러 헤엄치지는 못한다. 그러나 바다 속에서 위아래로는 움직일 수가 있어 썰물 때는 바닥에 있다가 밀물 때 위로 올라가 조류를 따라 외해에서 체사피크만 안으로 들어가 얕은 연안 쪽으로 이동한다.

메갈로파는 일주일 뒤에 어린꽃게로 탈피하여 얕은 연안에서 발로 기어 다니거나 헤엄칠 수 있다. 이 때 메갈로파 유생이 얼마나 많이 원래 태어났던 연안으로 들어갈 수 있는가에 따라 그 해 어획고가 대부분 결정되는 것으로 알려져 있다.

우리나라 서해 꽃게도 마찬가지로 이 밀물과 썰물과 같은 해류를 이용하여 메갈로파 유생이 얼마나 연안 쪽으로 성공적으로 들어갈 수 있는가에 따라 그 해 어획고가 결정될 것으로 짐작해볼 수 있지만 아직 관련 연구 조사가 부족하다.

외포란 꽃게잡이 어선 검거?

국립수산과학원 서해수산연구소에서는 매년 여름에 유생 조사를 통해 다음 해 어획고를 예측해오고 있다. 그러나 보도자료를 보면 유생이 조에아인지 메갈로파인지 구분을 하고 있지 않다. 조에아보다는 메갈로파 유생 밀도를 비교해야 예측 정확도가 높아질 것은 자명하다. 예측 정확도를 더 높이기 위해서는 가을 서해 연안에서 어린꽃게를 여러 장소에서 채집하거나, 체사피크만처럼 겨울 깊은 곳에서 갈쿠리그물 조사로 겨울잠을 자는 어른꽃게 밀도를 비교해보는 것이 낫겠지만 정부에서 연구조사 예산을 더 지원해야 가능한 일이다.

이처럼 꽃게 풍흉을 결정하는 것은 기상과 해황에 따라 메갈로파 유생이 얼마나 성공적으로 자신들이 태어났던 연안으로 다시 돌아갈 수 있는가이다. 그런데도 "해양수산부 남해어업관리단은 지난 5월 22일 오전 7시경 전라남도 고흥군 봉래면 나도로항 서쪽 1.5해리 해상에서 외포란 꽃게 98마리를 포획한 연안자망어선 1척을 검거했다고 밝혔다"라는 보도가 나오고 있다. 나는 이런 사례를 국가가 어민에게 저지르는 합법적인 폭력이라고 본다.

"알밴 꽃게 잡아도 괜찮아"

우리나라 수산관련법이라는 것이 일제강점기에서 비롯된 것이기에 이렇게 비과학적인 알밴 꽃게 관련 법 조항이 아직도 남아 있지만 지난 70년 동안 누구 하나 여기에 문제 제기를 해오지 않았다. 알밴 꽃게를 잡든 알을 배지 않은 꽃게를 잡든 알 생산량에는 아무런 차이가 없다고 '산란기에 금어기 지정?… 근거 없는 관행' 편에서 나는 누구나 이해할 수 있도록 자세히 설명하면서 이런 악법을 없애야 한다고 주장했다. 그 이전에 국민신문고를 통해서 민원을 넣었지만 해결이 되지 않고 있다.

생물학적으로 보면 꽃게뿐만 아니라 사람을 포함한 모든 생물 암컷은 태어나면서 평생 낳을 알을 몸속에 보관하고 있다고 보면 된다. 단지 산란기가 되면 그 일부를 우리 눈으로 볼 수 있을 따름이지 알이 더 생기는 것은 아니라고 보면 된다.

미국에서도 어획량이나 최소어획체장, 또는 겨울잠 자는 겨울 어획 규제를 하기도 하지만, 알밴 꽃게만 특정해서 못 잡게 규제하지는 않는다. 과학에 기반해서

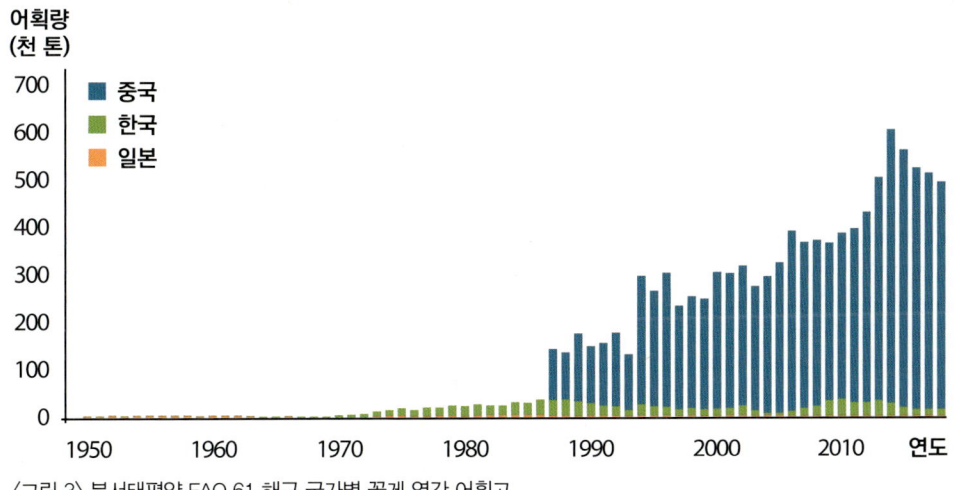

〈그림 3〉 북서태평양 FAO 61 해구 국가별 꽃게 연간 어획고

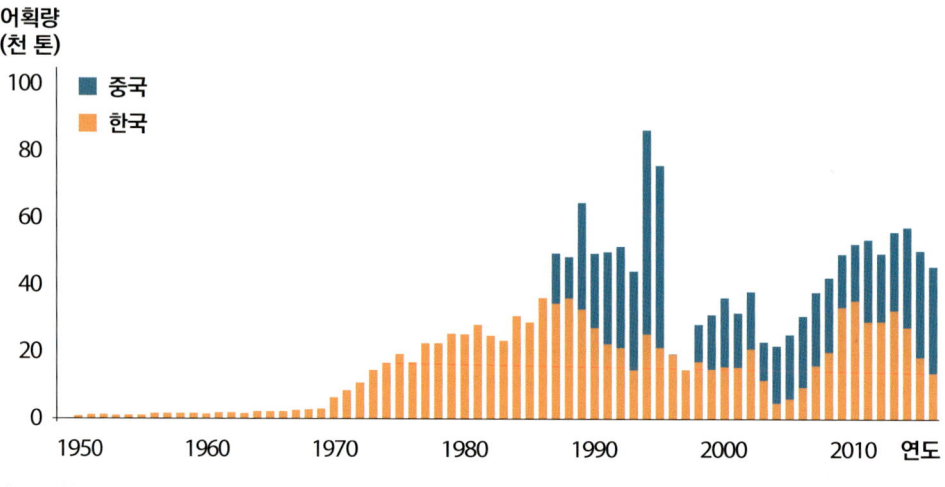

〈그림 4〉 대한민국 배타적 경제수역 국가별 꽃게 연간 어획고

어업을 규제하고 있기 때문에, 알밴 꽃게를 못 잡게 하는 것이 알 생산량이나 어획고 증가에 아무런 효과가 없다는 것을 수산학자나 정책입안자들이 잘 알고 있기 때문이다. 일제강점기에 유래한 이런 비과학적인 악법 조항을 해양수산부에서는 속히 없애주길 다시 부탁한다.

서해에서 중국어선이 한국어선보다 더 많은 꽃게 잡아

해양수산부에서 꽃게를 가지고 이렇게 우리 어민을 괴롭히는 동안 우리바다에서 꽃게는 어떻게 잡히고 있는지 한 번 통계를 보도록 하자. 〈그림 3〉은 동중국해, 황해를 포함하는 북서태평양 FAO 61 해구에서 잡힌 국가별 연간 꽃게 어획고이다. 1987년 우리나라는 3만톤, 중국은 11만톤 꽃게를 잡아 중국이 우리나라보다 3배 정도 더 많이 잡았으나, 최근 2018년에는 우리나라 1만 2,000톤, 중국은 48만톤으로 우리보다 40배 더 많이 잡고 있다. 즉 1980년대 말 이후 2018년까지 우리나라 꽃게 어획고는 등락은 있지만 1~4만 톤 사이로 거의 일정한 반면에 중국은 40배 가량 늘었다.

〈그림 4〉는 우리바다라고 할 수 있는 대한민국 배타적 경제수역에서 잡힌 꽃게 국가별 연간 어획고이다. 공식통계에 따르면 우리바다에서 중국 어선은 1987년 1만 5,000톤을 시작으로 2016년에는 3만 2,000톤을 잡았다. 2007~2016년 10년 동안 우리바다에서 한국, 중국 연간 꽃게 평균 어획고는 2만 5,000톤, 2만 4,000톤으로 비슷하나 2016년만 보면 중국어선이 우리 어선보다 2.4배 더 많이 잡았다.

어떻게 우리바다에서 중국어선이 우리 어선보다 꽃게를 2배 이상 더 잡을 수 있는지 그 자세한 내막은 알기 힘들지만, 지금 해양수산부 수산정책이나 한중어업협정이라는 것이 결과적으로는 우리 어민을 괴롭혀 중국 어민을 돕고 있다는 것을 다시 확인해볼 수 있다('중국만 이롭게 하는 대한민국 수산정책' 편). 온갖 규제와 악법으로 우리 어민들에게는 강자로 군림하면서, 막상 중국에는 큰 소리 못 치는 이런 굴욕적인 모습을 조선시대가 아닌 지금 대한민국 정부에서 보고 있다.

해양수산부는 알밴 꽃게 잡았다고 우리 어민 단속할 시간에 내년 한중어업협정을 어떻게 갱신하면 우리 앞바다에서 중국 어선이 꽃게를 더 많이 잡아가는 이 기막힌 문제를 해결할지 먼저 고민하기 바란다.

어린 물고기를 잡지 말자?

〈그림 1〉

해양수산부와 국립수산과학원에서는 어린 물고기를 보호하자는 포스터를 전국 초등학교와 유관기관에 배포하고 있다. 이 때문인지는 몰라도 많은 사람들이 어린 고기를 잡는 것은 나쁜 행위라는 선입견을 가지고 있다〈그림 1〉. 포스터 내용을 보면 더 많은 어획을 하려면 어린 고기를 보호해야 한다는 경제적인 취지인 거 같고, 다른 한편으로 초등학교에 주로 배포한 것을 보면 물고기를 사람으로 보고 동물권익보호 차원에서 아기나 어린이를 보호하듯 어린 물고기도 보호하자는 취지인 것으로 보인다.

수산생물을 먹는 대상으로 볼지, 아니면 동물권익보호 대상으로 볼지는 고래를 두고 논란이 많지만 지금 우리나라에서는 이미 고래는 먹는 대상이 아닌 보호 대상으로 바뀌었다. 고래는 음식이 아니라 친구가 되어버렸다.

그러나 전 세계적으로 수산물의 대부분을 차지하는 어패류는 동물권익보호 대상이 아니라 단백질 공급원이자 식량으로 여전히 보고 있다. 그런데 초등학교부터 이런 포스터를 보게 되면 어린 학생들은 물고기를 의인화시켜 자기들처럼 어린 물고기도 특별히 보호해야할 대상으로 인식할 것이다.

실제 말린 멸치를 보고 아기 물고기가 불쌍해서 못 먹겠다는 아이들도 있다. 그렇잖아도 요즘 학생들이나 젊은이들이 건강식품인 수산물을 점점 멀리하고 몸에도 좋지 않은 육류를 더 먹어 비만과 같은 심각한 사회 건강문제로 떠오르고 있다.

우리집 아이들도 생선은 싫어하고 치킨만 좋아한다. 이런 포스터 때문에 어릴 때부터 수산식품을 점점 멀리하여 우리나라 수산업이 더 빨리 망할 수도 있다는 것을 수산정책을 펴는 사람들은 한번쯤 생각을 해보았는지 궁금하다. 수산물 소비를 권장해도 모자랄 판에 해양수산부는 대한민국 어린이들이 평생 수산물 소비를 혐오하도록 각인시키는 홍보에 앞장서고 있는 셈이다.

먹거리냐? 보호대상이냐?

해양수산부에서 어패류를 먹을거리로 볼 것인지 아니면 보호해야할 대상인지 분명히 구분을 하고 수산정책을 펴고 홍보물을 만들어야지 이렇게 서로 배타적인 목표 둘이 모호하게 섞여있는 포스터로 혼동을 주어서는 안 된다고 본다. 보호해야 할 대상으로만 여긴다면 지금 해양수산부가 펴고 있는 온갖 수산정책들은 그 방향이 맞다. 감척사업으로 어선을 모두 없애고 낚시도 모두 금지시켜 잡는 어업

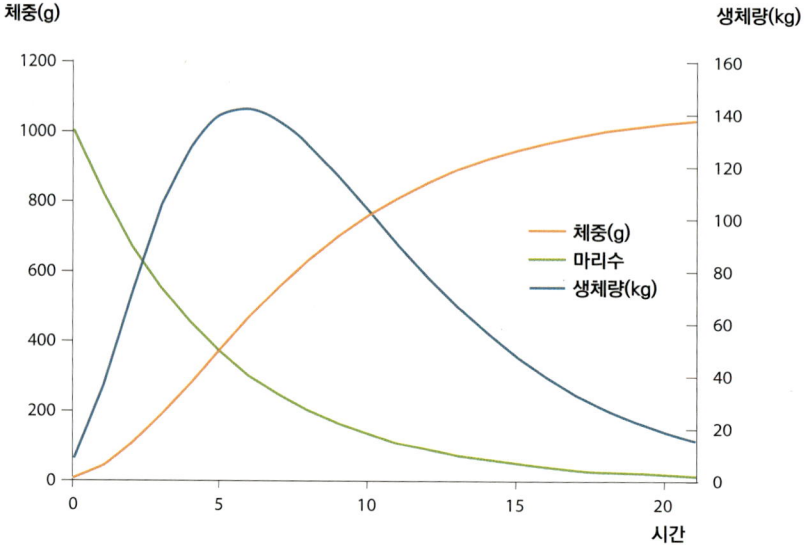

〈그림 2〉 어획이 없는 자연상태에서 어류 개체군의 시간에 따른 마리수, 1마리당 평균 체중(g), 개체군 전체 생체량(kg) 변화. 시간=0일 때인 초기 개체군 마리수는 1,000마리이다. 자연사망률은 일정하다고 가정했으며 어획은 없다. 물고기가 자라면서 체중은 점점 증가하나 그 증가속도는 시간에 따라 줄어든다. 생체량= 마리수X체중

이라는 것을 송두리째 없애는 것이 수산생물 권익을 보호하는 최선의 방법이기 때문이다.

그러나 현실적으로 수산생물을 보호대상이 아닌 먹을거리로 보았을 때, 과연 어린 물고기만 특별히 보호하자는 수산정책들이 생물학적으로 또 경제적으로 과연 어떤 효과가 있는지 살펴보겠다.

〈그림 2〉는 일정한 자연사망률을 가정했을 때 물고기 개체수가 자라면서 마리수와 체중이 어떻게 변하는지를 나타낸 것이다. 여기서 생체량이라고 한 것은 물고기 마리 수에 체중을 곱한 것으로 다른 말로는 현존량 또는 수산자원량이라고도 한다. 어획량은 이 생체량에 비례한다. 처음 1,000마리였던 어린 물고기는 시간이 지나면서 체중은 늘어나지만 그 개체수(마리수)는 기하급수적으로 줄어든다. 이

그림에서 알 수 있는 것은 어린 고기만을 선택적으로 잡을 경우 그 마리 수는 많지만 다들 잔챙이이고, 어른 고기를 선택적으로 잡을 경우 씨알은 굵지만 그 마리 수는 적을 것이라는 점이다. 개체수도 많으면서 씨알이 굵은 물고기를 잡는다는 것은 불가능한 인간 욕심에 지나지 않는다. 잔챙이를 많이 잡을 것인가, 아니면 적은 수라도 큰 놈을 잡을 것인가에서 절충을 할 수 밖에 없다. 또 큰 놈도 아니고 아주 작은 놈도 아닌, 명태로 치면 노가리에 해당하는 시간 6 부근에 해당하는 중간 정도 크기를 잡을 경우 어획량은 가장 많아질 수 있다는 것을 이 그림으로부터 짐작할 수 있다.

지속 가능 어업 위해 가입당 생산 분석으로 평가해야

대부분 물고기들은 큰 놈일수록 가격이 비싸지만, 멸치 같은 경우는 오히려 소멸이라고 하는 좀 작은 놈들이 가장 비싸다. 이렇게 잔챙이를 많이 잡는 것이 어민 소득에 좋은지 아니면 소량이라도 씨알 굵은 놈을 선택적으로 잡는 것인지 더 좋은지 평가를 할 수 있게 해주는 방법을 가입당 생산(Yield Per Recruit) 모형이라고 하는데 1950년대 Beverton과 Holt 라는 영국 수산학자가 개발한 것이다. 그 과정은 수식이 복잡해서 일반인들이 이해하기 힘들기 때문에 여기서는 〈그림 2〉로 가입당 생산 모형이 무엇인지 그 개념을 간략히 소개하는 것에서 그치기로 하겠다.

이 가입당 생산 모형이 말해주는 것은 큰 물고기만 선호하는 서양 기준을 가지고 어린 물고기도 선호하는 우리나라 식문화를 규제할 필요는 굳이 없다는 것이다. 어린 물고기는 그 수를 많이 잡을 수 있기 때문에 자원량(생체량)으로 따지면 큰 물고기를 잡는 것과 크게 다르지 않다는 점이다. 어린 물고기가 경제적으로 얼마나 가치가 있는지는 개별 어종에 따라 달라지기 때문에 지속적인 생산을 위해서는 가입당 생산 분석으로 신중하게 평가해야지, 포스터처럼 무조건 어린 고기 잡지 말자고 하는 것은 수산자원이나 어민 소득 증가에 별 도움이 되지 않는다.

특이한 수산업법 조항

지난 호에서 알밴 꽃게나 산란기 동안 물고기를 잡지 못하게 하는 우리나라에만 특이한 수산법 조항이 있다고 했는데 이는 어린 물고기가 아닌 어미 물고기를 보호하려는 정책이다. 결국 해양수산부 수산정책이라는 것을 언뜻 보면 어린 고기도 잡지 말라고 하면서 또 어른 물고기도 잡지 말라고 한다. 그러면 도대체 뭘 잡으라는 것인지 종잡을 수가 없다. 그런데 곰곰이 생각해보면 어른 물고기를 잡되 산란기를 피해서 잡으라는 뜻으로 보인다. 그러나 지난 호 알밴 꽃게 글에서 살펴보았듯이 산란기에 잡으나 비산란기에 잡으나 바다로 방출하는 알 수에는 차이가 없다. 따라서 포스터에도 씌어있듯이 더 큰 가치를 가져올 수 있으려면 어린 물고기를 보호하는 것이 좋다는 뜻으로 보인다. 경제가치를 증대시킨다는 것과 바다로 방출되는 알 수를 증대하는 것은 별개 문제이다. 더구나 알을 많이 방출한다고 그 다음해에 물고기가 꼭 더 많이 잡히는 것도 아니다.

결국 해양수산부에서 열심히 홍보하는 어린 물고기나 미성어를 잡지 말자고 하는 것은 어획량을 늘리고 어민소득을 올리는 것이 목표이며(목표 1), 이 때 쓰는 전통적 수산자원 평가법은 가입당 생산 모형이며, 여기서 장기적으로 어획량이나 어획소득을 최대로 할 수 있는 최소어획체장이나 어획노력량을 생물학적 기준점으로 정할 수 있다.

반대로 큰 물고기나 성어를 보호하자는 것은 그 개체군이 바다에 낳는 알 수를 증가시키는 것이 목표이다(목표 2). 이 때 처음으로 알을 낳을 수 있는 크기나 나이 평균치를 군성숙체장 또는 군성숙연령이라고 하고, 알을 낳을 수 있는 어미를 보호하려면 최대어획체장을 정해 이보다 큰 성어는 못 잡게 규제를 할 수 있다. 어떤 어종이 멸종 위기에 처할 만큼 개체군이 급격히 줄어들었을 때 쓰는 비상대책이다.

그런데 해양수산부에서는 생뚱맞게도 목표 2에 필요한 군성숙체장을 가지고 최소어획체장을 정해서 목표 2인 어획량(소득)을 장기적으로 늘리겠다고 한다. 그러나 군성숙체장은 허용할 수 있는 최소어획체장(작은 고기 보호)이 아니라 허용할 수 있는 최대어획체장(큰 고기 보호)을 정하는 기준이다. 자연 이치를 따른다면 1번 목표를 위해서는 가입당 생산 모형으로 군성숙체장보다 더 작기 마련인 기준체장을 정해야 한다.

적정 최소어획체장을 기준으로

우리나라 수산관리 대상 어종들은 멸종 위기도 아닌데 살오징어를 비롯해서 군성숙체장을 최소어획제장으로 일률적으로 정하거나 규제하려고 해서 어업인들의 반발을 사고 있다. 이 경우 잡을 수 있는 가장 작은 물고기 크기를 말하는 금지체장이 너무 크기 때문에 어업인들 경제 상태를 생각하면 현실적으로 받아들이기 힘들다. 장기적으로 지속가능한 어업을 위해서는 군성숙체장이 아니라, 가입당 생산 모형에서 구한 적정 최소어획체장을 기준으로 삼아야 한다.

그러면서도 어린 물고기가 한번은 산란할 수 있게 해주지 않느냐는 이야기를 하기도 한다. 이는 어린 물고기를 잡지 않고 그대로 두면 다 살아남아서 잘 자라

내년에는 더 큰 물고기로 같은 마리 수만큼 잡을 수 있다고 보는 순진한 생각, 인간 욕심에 지나지 않는다. 물고기 마리 수는 생활사 단계를 보면 나이가 많아질수록 체중이 커질수록 기하급수적으로 그 숫자가 감소한다고 앞서 설명했다〈그림 2〉. 잡지 않고 내버려두어도 대부분 죽어 내년에는 잡을 수 없다는 말이다.

만약 해양수산부 포스터에서처럼 어린 물고기를 잡지 말고 보호하여 더 큰 가치를 가져오려면 가입당 생산 모형을 통해서 장기적으로 어획량이나 어획소득이 최대가 될 수 있게 해주는 최소어획체장을 정하고, 거기에 맞추어서 어선 그물 망목 크기를 규제하면 된다. 군성숙체장으로 정하는 것이 아니다. 또 단순한 어획고뿐만 아니라 물고기 크기에 따른 판매 가격 차이를 고려해서 어민소득을 최대로 할 수 있는 망목크기와 어획노력량도 이 모형으로 추정해볼 수 있지만, 해양수산부에서 이와 관련하여 무슨 연구나 자문을 해달라는 요청을 나는 한 번도 받아본 적이 없다. 그냥 학생 교육 목적으로 논문만 몇 편 내었지만 수산정책 관련자들이 이런 학술 논문을 읽어볼 것이라 기대하지 않는다.

그리고 포스터를 보면 "아직도 어린 고기를 잡아드시나요?"라고 묻고 있는데, 우리나라 어선 어구 중에서 어른 고기는 빼고 어린 고기만 선택적으로 잡을 수 있는 어법은 존재하지 않는다. 망목 크기를 크게 하면 어른 고기는 선택적으로 잡을 수 있다. 어린 고기는 그물에서 빠져나갈 수 있기 때문이다. 문제는 어린 물고기는 되도록 적게 작고 어른 물고기만 많이 잡으려고 망목을 너무 크게 하면 그물 어획효율이 떨어져서 어선들 수지타산이 맞지 않아 실제 어업을 유지할 수 없다는데 있다. 이 때문에 어선의 경제적 비용과 여건 등을 고려해서 망목 크기를 규제해왔다.

갑자기 많이 잡히는 어린 물고기는 풍어 전조

그런데 신문을 보면 매년 무슨 선망어업이 어린 고기를 많이 잡아서 씨를 말리고 있다는 기사들이 지난 30년 동안 꾸준히 반복되고 있다. 다시 말하지만 어린 고기만 선택적으로 잡을 수 있는 어법은 존재하지 않는다. 물론 특정 시기, 특정 장소에 어린 물고기가 많이 몰리는 것을 경험적으로 알 수 있다면 선택적으로 잡을 수도 있겠지만 비싼 배 기름값 들여가면서 돈 안 되는 잔챙이를 더 잡고 싶어 하는 선장은 대한민국에 없을 것이다.

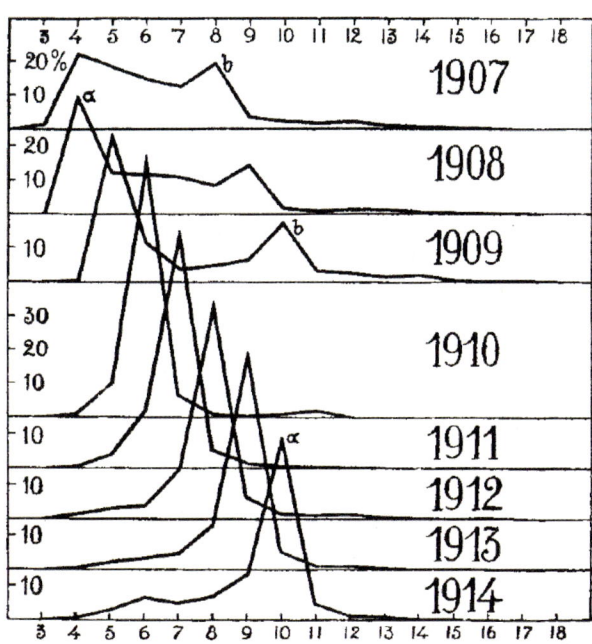

〈그림 3〉 수산학의 창시자라고 하는 덴마크 Hjort가 1923년 발표한 노르웨이 앞바다에서 1907~1914년에 잡힌 청어 나이(X축)에 따른 어획고 비율(%). b라고 표시한 것은 보통 연급군이고, a라고 표시한 것이 탁월연급군이다. 이 탁월 연급군은 1907년에는 너무 크기가 작아서 그물에 잡히지 않았다가 1908년부터 그물에 잡히기 시작했으며, 이 때 나이는 4살이기 때문에 1904년 무렵 산란된 청어이다. 1908년에는 어린 청어였지만 그 개체수가 평년보다 탁월하게 많아 나이가 들어가면서 어른 물고기가 되어 1914년까지 계속 많이 잡혔다. 따라서 탁월연급군, 즉 갑자기 많이 잡히는 어린 물고기는 앞으로 풍어가 올 것이라는 전조이다.

어린 고기를 많이 '잡은' 것이 아니라 많이 '잡힌' 것이다. 그물 크기에 따른 어획 선택성은 로지스틱 곡선으로 나타나기 때문에 칼로 자르듯이 작은 물고기와 큰 물고기를 구별하여 어획하는 것은 불가능하다. 확률적으로 작은 고기가 덜 잡히거나 반대로 조금 더 잡히게 할 수 있을 따름이다. 그물코를 아무리 크게 하더라도 어린 물고기는 적은 양이라도 잡히게 마련이다. 확률 때문이다.

따라서 새끼 갈치인 풀치나 고등어 새끼인 고도리라고 하는 치어들이 많이 어획된다는 것은 어업인들이 그 해 유달리 어린 물고기를 선택적으로 잡아서가 아니라 평년보다 어린 물고기들 많이 있으니 어른 물고기들과 함께 그물에 많이 잡힌 것이다. 치어들이 많이 잡힌다는 것은 탁월연급군(Strong Year Class)의 전조로 1~2년 뒤 풍어기가 올 수 있다는 징조일 수도 있다는 것은 100년 전에 수산학 창시자 Hjort가 이미 밝힌 내용인데〈그림 3〉, 우리나라 수산 관련 연구자들이나 공무원들은 이런 것 생각도 해보지 않았는지 아니면 알고도 침묵하고 있는지는 잘 모르겠다.

가령 2016년 여름에도 풀치와 고도리를 싹쓸이해서 씨를 말리고 있다고 수십 년 반복되는 똑같은 레퍼토리로 언론에서 보도했지만 그 다음해에 씨가 마르기는커녕 갈치와 고등어가 오히려 대풍이 들었다고 보도했다. 이걸 가지고 기자들이 무슨 정정 보도를 낸 적도 없고, 무엇이 잘못되었는지 물어오는 경우도 본 적이 없다.

매년 봄만 되면 풀치 잡았다고 어업인들 비난하기 전에, 무작정 어린 고기를 잡지 말자는 해양수산부 정책의 잠재적인 문제점들을 이젠 그 근본원리부터 차분히 되짚어보았으면 한다.

거꾸로 가는 혼획 규제

　우리나라 해양수산부는 선진국에서 하니 다 좋은 것이라면서 흉내를 내어 여러 가지 수산정책을 만들고 있다. 그런데 하는 것마다 어떻게 거꾸로 베끼거나 엉뚱하게 적용을 하는지 한숨이 나올 때가 한두 번이 아니다.

　지난 6월 21일에는 '오징어 씨 말리는 총알오징어 싹쓸이 일당 덜미'라는 제목으로 뉴스가 올라왔다. 정치망 어선에 잡힌 체장 미달 어린 오징어 3,830여 마리를 바다로 방류하지 않고 판매한 혐의로 선장과 판매업자를 해양경찰이 검거했다는 소식이었다.

　나는 미국에서 연구선을 타고 수많은 고기를 중층트롤로 잡아 배 위에서 세는 일을 10년 가까이 했지만 3,830마리까지 일일이 세어본 적은 없다. 3,000마리를 일일이 세려면 족히 몇 시간은 걸릴 텐데 연구선은 떠 있는 시간 자체가 돈이다. 길어도 1시간 안에는 세고 물고기길이 재는 일까지 마쳐야 한다. 이것은 우리나라에 와서도 마찬가지였다. 저 정도 숫자라면 전체와 표본 무게 비율을 이용해서 대략적인 숫자만 기록하지 저렇게 10단위까지 정확하게 세지는 않는다.

　3,830마리를 누가 세었을까? 총알오징어뿐만 아니라 같이 잡힌 물고기와 다른 해양생물들도 모두 세었을 테니 몇 시간 걸렸을 것이다. 3,830마리 총알 오징어를

몇 시간 동안 충실하게 센 것을 뭐라고 나무랄 생각은 전혀 없다. 문제는 현장에서 어떤 일이 벌어질지 전혀 감을 못 잡고 탁상행정으로 엉뚱한 지침을 만들어 내리는 세종청사 5동 해양수산부 공무원들이다.

습중량으로 혼획률 정해야

해양수산부에서 '어린 살오징어 생산·유통 근절 방안'으로 외투장 15cm 미만 총알오징어를 보호하겠다면서 전체 어획량중 어린 살오징어 혼획 허용량이 20%를 넘는 행위에 단속하는 지침을 내린 모양이다. 여기서 허용량이라고 하는 것은 기본적으로 어획 무게를 말하지 마리수를 말하지는 않을 것으로 보이는데, 어떻게 일일이 마리수를 세었는지 그 자초지종은 구태여 알고 싶지도 않다. 습중량(濕重量)으로 혼획률을 정한다는 단서만 붙여도 이런 코미디 같은 일이 일어나지 않았을 것이다. 앞으로도 해양경찰은 혼획률 위반 단속하려고 수천, 수만 마리 총알오징어와 나머지 같이 잡힌 물고기도 일일이 세어 20%를 넘었는지 확인할 것인가?

또 하필 기준을 어업인들이 현실에서 받아들이기 힘든 외투장 15cm로 정했는지 그 내막도 알기도 힘드나 어린 오징어를 보호하는데 필요한 생물학적 기준점을 마련하는 가입당 생산 모형을 쓰지 않고, 거꾸로 산란하는 어른 물고기와 오징어를 보호하는데 필요한 군성숙체장을 썼음은 안 봐도 뻔하다. 몇 번이나 말해도 바뀌지가 않는다('어린 물고기를 잡지 말자?' 편 참고).

잡은 물고기 버리기 금지한 유럽

더 황당하고 심각한 문제는 그물에 잡혀서 이미 죽어버린 물고기나 어린 오징어를 바다에 버리라고 강요하는 해양수산부 지침이다. 이웃 일본은 물론 유럽연합이나 노르웨이, 아이슬란드, 뉴질랜드, 캐나다는 그물에 잡혀서 죽었거나 살 가능성이 별로 없는 물고기를 바다에 버리는 행위를 법률로 금지하고 있다(참고자료: https://en.wikipedia.org/wiki/Discards). 바다에 버려지는 물고기나 오징어 사체는 환경에서 보았을 때는 오염물질이며, 해양 저서생태계를 교란시킬 수 있기 때문이다. 만약 우리나라 원양어선이 이 지침을 따르면 불법조업국으로 낙인찍힐 수도 있다.

이처럼 어업인들이 의도하지 않았던 종이나 작은 크기 수산생물이 잡히는 것을 부수어획(附隨漁獲) 또는 혼획(混獲, こんかく)이라고 하며, 영어로는 Bycatch라고 한다. 작은 크기 어패류들은 상품 가치와 경제적 가치가 별로 없는데, 어류만 아니라 돌고래, 바다표범과 같은 해양포유류와 거북이 같은 파충류, 상어와 같은 대형 연골어류들도 잡힌다. 어획대상이 아니었던 종들이 부수적으로 잡히면 어업인들은 대개 이를 바다에 버린다. 이렇듯 부수어획으로 바다에 버려지는 해양생물 양은 전 세계 어획량에서 약 40%에 이를 것이라고 추산한다. 최근에는 유럽연합을 중심으로 잡힌 어패류를 다시 바다에 버리는 행위를 금지하는 움직임이 일어나고 있으나 실제 현실에서 적용하기에는 여러 가지 논란이 있다.

우리나라에서는 다행스럽게도 전통적으로 여러 어종을 잡고 또 바다에서 나는 생물은 거의 다 먹을 정도로 다양한 어종을 먹는 독특한 음식문화를 가져왔기에 특정 어종만을 선호하는 유럽 국가들에 비교하여 먹지 않고 버리는 부수어획 문제는 그렇게 심각하지 않다. 특정 어종만, 또 큰 고기만 선호하는 일본이나 서양인들보다 이렇게 그물에 잡히는 것은 거의 다 먹는 우리나라는 이미 생태친화적인 수산 문화가 전통으로 자리 잡고 있다. 심지어는 혐오스럽다고 할 수 있는 기생어류

먹장어(곰장어)까지 먹는 세계에서 유일한 나라이다. 따라서 우리나라에서는 부수어획 문제가 거의 없다.

그런데 해양수산부가 어린 고기를 보호한다면서 잡힌 물고기를 다시 바다에 버리라고 하니 문제가 되는 것이다. 아무런 문제가 없는데도 굳이 문제를 만들어내고 있다. 서양에서는 먹지 않아서 어쩔 수 없이 버리는 어린 물고기를 우리나라에서는 잘 먹고 있는데도 굳이 바다에 버리라고 하니 한숨이 안 나올 수가 없다.

작은 물고기만 안 잡히게 하는 망목 크기 없어

그물에 잡힌 어린 고기를 바다에 다시 버리는 행위가 왜 문제가 되는지 알려면 물고기 크기에 따른 그물 어획 선택성을 먼저 이해할 필요가 있다. 〈그림 1〉은 전형적인 그물 선택성 곡선이다. 동전을 던져 앞뒤가 나오거나, 대학입시 합격 여부,

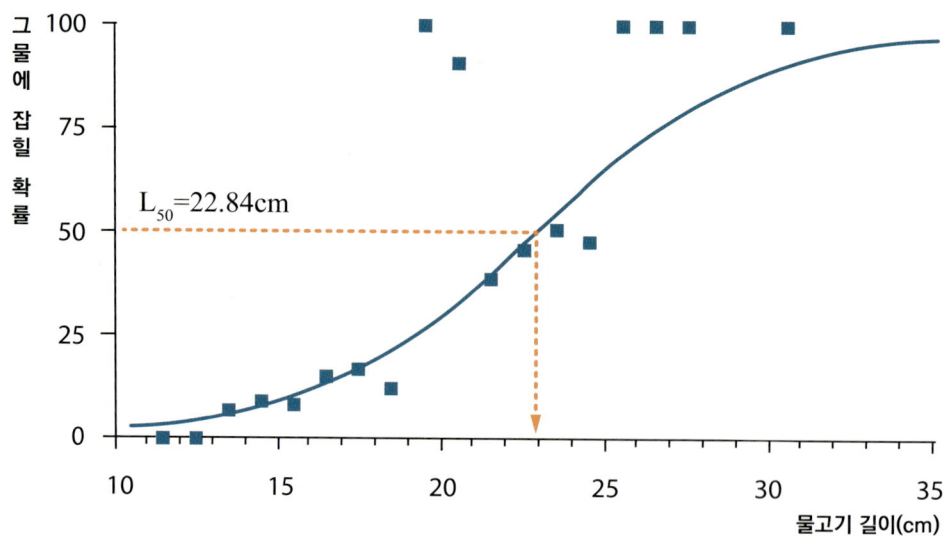

〈그림 1〉 물고기 길이에 따른 어획 그물 선택성 로지스틱 곡선

물고기가 그물에 잡힐지 아니면 빠져 나갈지, 또는 암컷 물고기가 알을 낳을 수 있는지 없는지와 같이 0 아니면 1인 두 가지 상반되는 사건이 일어나는 경우 확률은 베르누이 시행(Bernoulli trial)이라고 하며, 이항분포나 〈그림 1〉처럼 S자 로지스틱 곡선으로 나타낼 수 있다.

〈그림 1〉에서 알 수 있는 것은 X축 물고기 길이가 커질수록 그물에 잡힐 확률은 높아진다는 것이다. 가령 그림에서 10cm 정도 길이 물고기는 거의 잡히지 않고 그물에서 다 빠져나가는 반면에, 30cm 가량 되는 큰 물고기는 거의 다 그물에 잡힌다는 것을 알 수 있다. 이 때 어떤 크기 물고기가 그물에 잡힐 확률이 50%가 되면 그 크기를 50% 선택체장(Retention Length)이라고 하며 L50이라고 표시한다.

마찬가지로, 암컷 물고기가 자라면서 성숙을 하여 알을 낳을 수 있는 확률이 50%가 되는 크기를 군성숙체장이라고 하여 L50으로 표시를 하기도 한다. 그림에서 이 물고기는 22.84cm가 되면 그 그물에 잡힐 확률이 50%이다. 그림에서 중요한 것은 이렇게 22.84cm를 기준으로 금지체장을 정하더라도 이것보다 작은 물고기는 소량이라도 그물에 잡힐 수밖에 없다는 것이다. 즉, 칼로 자르듯이 22.84cm를 기준으로 하여 그것보다 작은 고기를 하나도 안 잡히게 할 수 있는 것은 불가능하다는 말이다.

〈그림 2〉는 우리나라 갈치를 트롤로 잡았을 때 트롤 그물코 크기(망목)에 따른 어획선택성 곡선이다. 이 그림에서 알 수 있는 것은 망목 크기를 51.2mm(A)에서 88.0mm(D)로 늘릴수록 어획선택성은 전반적으로 줄어드는 것을 알 수 있다. 또 망목 크기가 커질수록 비례하여 L50도 커진다는 것을 알 수 있다. 중요한 것은 망목 크기가 커짐에 따라 잡힐 수 있는 큰 물고기는 크게 줄어드는 반면에, 작고 어

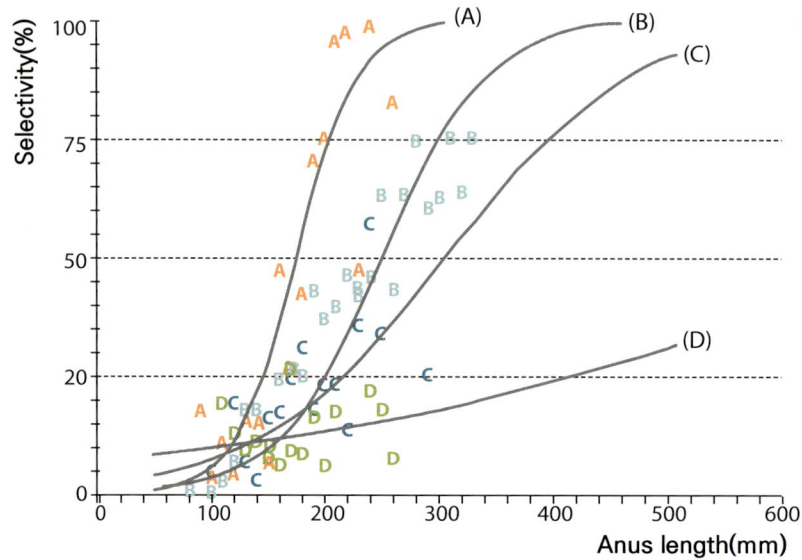

A: 망목 51.2mm, B: 70.2mm, C: 77.6mm, D: 88.0mm

〈그림 2〉 갈치 항문장에 따른 트롤어구 어획선택성 로지스틱 곡선. A: 망목 51.2mm, B: 70.2mm, C: 77.6mm, D: 88.0mm
(출처: 이주희외, 1994. 사각형강목의 끝자루를 이용한 트롤어구의 어획선택성 연구(Ⅰ)-사각형강목의 어획선택성)

린 물고기는 망목 크기에 관계없이 작은 확률이라도 꾸준히 잡힐 수밖에 없다는 점이다. 따라서 망목 크기 규제로 영향을 받는 것은 큰 물고기 어획 선택도이지 작은 물고기 어획 선택도가 아니다. 즉, 작은 물고기만 선택적으로 안 잡히게 할 수 있는 망목 크기는 없다. 이 때문에 어업인들이 경영에 피해를 받지 않는 적정한 망목 크기를 제시하여 잡히는 큰 물고기 비율을 조절할 수 있다.

어린고기 유통 막기 위해 불가피한 일?

지금까지 살펴보았듯이 어린 물고기나 총알오징어를 선택적으로 잡지 않게 해주는 그물은 지금 존재하지 않는다. 유럽에서는 이렇게 어쩔 수 없이 잡히는 어린 물고기들은 항구에 가지고 가더라도 상품으로 거의 가치가 없어 양식용 생사료로 쓰는 것이 고작이다. 이 때문에 어선에서 제한된 냉동시설이 상품가치가 없는 어린 물고기를 보관하는데 낭비되는 것을 막으려고 잡힌 어린 물고기는 일부러 바다로 버리는 것이 유럽 어업인들에게는 큰 득이 된다.

또 유럽연합에서 시행중인 국가별로 할당된 총허용어획량을 맞추려면 값싼 어린 물고기는 되도록 바다로 버리는 것이 돈이 되는 큰 고기를 더 잡을 수 있어 어업인들에게는 유리하다. 이렇게 잡힌 어린 물고기를 바다에 다시 버리는 행위는 환경뿐만 아니라 정치경제적으로 문제가 되기 때문에 유럽연합에서는 이를 전면 금지하려고 하고 있으나 여러 가지 반발에 부딪히고 있다.

우리나라에서는 어린 물고기를 굳이 바다에 버리고 오라는 황당한 해양수산부 지침이 왜 만들어지게 되었는지 그 이유를 도대체 종잡을 수가 없었으나 최근에 뉴스 인터뷰를 보고 짐작할 수 있게 되었다. '어린 갈치 대량 해상투기, 수산자원 보호 취지 맞나?'라는 제목 뉴스가 나왔는데, 금어기인 7월에 정치망에 어쩔 수 없이 잡힌 갈치를 버려도 되는 문제를 다루었다. 왜 하필 7월을 금어기로 했는지는 과학적 근거도 없는 관행이라고 이미 지적한 적('산란기에 금어기 지정? 근거 없는 관행' 편 참고)이 있지만 조만간 바뀔 것 같지도 않다.

뉴스에서 해양수산부는 "어린고기 유통 뿌리 뽑기 위해서 불가피한 일"이라고 전했다. 또 "어린 물고기가 사료가 될 것인지 아니면 점점 안 잡는 것으로 인식이 확고하게 굳어져 갈 것인지 그 초입에 있는 것으로 보시면 될 것 같아요"라고 전화 인터뷰에서 '해양수산부 관계자'가 말하는 것을 들었다.

젊은 공무원들이 벌써 아버지나 할아버지쯤 되는 어민들 '인식'을 계도하려고 하고 있다. 어민들보다 뭐가 더 안다고 착각하지만 내가 보기에는 무모하기 짝이

전남 정치망어업인들이 갈치 금어기(7월 1일부터 31일까지)에 혼획되어 잡힌 미성어 갈치를 조업 수면에 내다 버리며 정부 단속에 반발했다. (출처: 전남정치망수협)

없다. 해양수산부 공무원들에게 어업은 현실 문제가 아니라 관념상 도덕을 구현하는 곳이다. '어린 고기는 잡지도 말고 유통하지도 말자'는 구호는 이런 공무원들에게는 윤리 시험 문제 정답이자 몸으로 실천해야할 숭고한 목표이다.

선상 체험해보라

이렇게 현실과 동떨어져 가상적인 관념 세계관에서 벗어나지 못하고 있는 신입 공무원들이 탁상행정에서 벗어나 우리나라에서 제대로 수산정책을 펴갈 수 있게끔 구체적인 제안을 하나 하고자 한다. 앞으로 해양수산부 신입 공무원들, 특히 수산 분야와 해양경찰은 어선에 직접 타고 어민들 일손을 돕는 체험을 해보는 기회를 주기를 바란다. 남자라면 근해어선을 타고 일주일 가량 선상 체험을 해볼 수도 있을 것이며, 여자라면 열악한 화장실 문제도 있고 하니 적어도 한나절 정도 연안 어선을 타서 체험을 해보면 거꾸로 가는 탁상행정 정책은 크게 줄어들 것이다.

뉴스에서 나온 여수 연안 정치망 어선에 같이 타서 직접 갈치를 그물에서 골라내어 바다에 버리는 일을 하루라도 체험할 수 있도록 해주면 어린 고기 유통을 뿌리뽑자는 이런 관념적인 구호가 해양수산부에서 사라질 것이라고 나는 본다. 탁상행정 정책이 어민들에게 얼마나 큰 고통이 될 수 있는지 평생 잊지 않게 되리라 본다. 무심코 던진 돌에 개구리는 맞아 죽는다. 또 우리나라에서는 서양에서는 법을 어겨가면서도 버릴 수밖에 없는 어린 고기도 골고루 잘 먹는 전통이 생태적으로도 얼마나 다행인지를 깨우치는데도 큰 도움이 될 것이다. 모처럼 바다 바람도 쐬면서 배 위에서 해산물 라면도 먹어보면 해양수산부에 온 자부심도 느낄 수 있으리라 본다. 누구 말대로 현장에 답이 있다.

정보 공개와 투명한 수산

올해 전 세계 최대 관심사인 코로나바이러스가 일깨워준 것 중 하나는 투명한 정보 공개가 전염병 방역에 얼마나 결정적인가이다. 일부 국가에서는 정부가 일부러 전염병 정보를 숨기거나 왜곡을 하는 등 초기 대응을 제대로 하지 못해 지지율이 크게 떨어지고 큰 경제 피해를 입고 있는 반면에, 우리나라를 포함한 다른 몇몇 국가는 대응을 잘해 정치 위기를 겪지 않으면서 경제 피해도 최소화하고 있다.

코로나바이러스와 투명한 정보 공개

2015년 메르스 사태 때에는 박근혜 정부가 대응을 제대로 하지 못해 여론이 크게 악화되었지만, 이번 코로나바이러스 대응을 두고 문재인 정부는 국민으로부터 높은 지지를 받고 있다. 2015년과 2020년 같은 바이러스 역병 대응을 두고 이렇게 명암이 갈린 이유는 여러가지가 있겠지만 나는 투명한 정보 공개를 꼽고 싶다.

먼저, 이웃 일본은 선진국 위상에 걸맞지 않게 코로나바이러스 검사를 소극적으로 하였을 뿐만 아니라 관련 정보도 제대로 공개하지 않아 자국민 비판은 물론 국제사회에서도 조롱거리와 비판의 대상이 되고 있다. 특히 일본 후생노동성과 국립감염병연구소는 국가 역병 대책을 담당하면서 고질적인 부처이기주의로 정보를 제대로 공개도 하지 않을 뿐만 아니라 통계까지 조작하였지만 언론 자유가 한국보다 한참 떨어지는 일본 신문들은 제대로 보도도 하지 않았다. 참다못한 도쿄대 한 교수가 후생노동성이 한국보다 공식 확진자 수가 더 적게 보이게 하려고 어떻게 통계를 조작했는지 뉴스위크 일본판을 통해 낱낱이 밝히기도 했다.

이번 코로나바이러스 대응으로부터 일본은 더 이상 우리가 모델로 삼아야할 선진국이 아니라는 것을 많은 사람들이 다시 확인하게 되었다. 역병 대응은 물론 정치나 경제까지 더 이상 본받아서는 안 되는 정체된 나라가 일본이다. 단, 반면교사로서 일본은 공부할만하다. 그런데도 우리나라 수산분야는 아직도 일본을 모델로 삼고 있다.

수산자원 조사

자료는 누구 것인가?

'우리나라 거짓 수산학의 뿌리' 편에서 다루겠지만 우리나라 수산학의 대부라고 하는 정문기씨는 우치다 게이타로가 남겨두고 간 자료와 사진을 공유하지 않고 자기 것인 양 독점했고, 그 폐해가 어떤 것이었는지 간단히 짚어보았다. 해방 직후 혼란기에 조선통독부가 남겨두고 간 자료 소유 주체가 누구인가에 대해서 제대로 생각할 겨를도 없었고 그마저도 이어 터진 6.25 전쟁으로 대부분 자료는 소실되었다.

대한민국 정부가 수립된 이후 해양수산 분야 각 국가기관에서 조사한 과학자료는 국민 세금으로 만들어진 것이기에 당연히 그 소유주는 담당 부처나 공무원이 아닌 대한민국 국민이다. 그러나 이런 당연한 국민의 권리도 21세기에 들어와서야 미국을 비롯한 세계 각국에서 본격 인정되고 있다.

미국의 경우를 보면, 내가 포스터닥으로 메릴랜드 주정부 연구소에 있었던 2000년대 초부터 연방정부에서 주는 연구비를 받아 수행된 모든 연구개발사업들은 사업이 끝난 지 3년이 지나면 사업기간 동안 모은 모든 자료들을 국민들에게 데이터베이스로 공개할 것을 의무화했다. 3년이라는 유예기간을 둔 것은 사업을 수행한 과학자들이 그 동안 수집한 자료를 가지고 논문을 써서 투고할 수 있는 한시적인 소유권을 인정해주어 과학발전을 도모하자는 뜻이었다.

해양수산 분야 종사자가 아닌 사람들은 바다에서 자료를 수집하는데 얼마나 많은 노력과 돈이 들어가는지 대부분 감도 잡지 못한다. 우리 동네 기온이야 몇 천 원짜리 온도계 하나면 충분히 잴 수 있지만, 바닷물 온도는 배를 타고 나가서 밧줄에 온도를 잴 수 있는 장치를 달아 도르래로 내려야 겨우 잴 수 있다. 지금 어지간

한 해양연구조사선 운영비는 하루 1,000만 원이 넘는다. 이처럼 육지에 비교해서 수천, 수만 배 이상 비싼 경비와 노력이 들어가서 얻어진 것이 해양수산 분야 자료들이다. 그러나 이렇게 힘들게 수집한 자료들이 여러가지 이유로 제대로 관리되지 못하고 사장되고 있는 것이 우리나라 수산분야 현실이다.

부실한 자료관리

국가기록원 기록물관리지침에는 정부 각 부서가 소장하고 있는 자료를 5년마다 폐기 여부를 평가한다는 규정이 있다. 따라서 아무리 힘들게 수집하고 돈이 많이 들어갔더라도 해양수산 분야 자료는 5년마다 폐기할 수 있다. 이렇게 공식적으로 폐기된 자료라고 할지라도 담당자는 개인적으로 얼마든지 보관할 수 있다.

가령, 1970년대에 우리나라 각 수산 관련 연구기관에서는 동해 명태를 주기적으로 조사하여 자료가 축적되었으나 5년마다 폐기를 해서 지금은 많은 자료들이 더 이상 남아있지 않다. 하지만, 누군가가 개인 소유로 여전히 가지고 있을 가능성도 없지는 않다. 학문적 열정이 있어서 이런 자료를 활용하여 논문이나 책을 쓴다면 다행이지만 그냥 이리저리 발령나면서 이사하다가, 또 퇴직하면서 유실되는 경우가 얼마나 많은지 가늠하기도 힘들다.

수산생물종 현황에 관한 정보는 조사연구선으로 수집하는 직접조사자료와 고깃배로 잡은 어획물 통계 자료로 크게 나눌 수 있다. 연구선 운용은 예산이 많이 들기 때문에 수십 년 지속된 직접조사자료는 세계적으로도 드물다. 반면, 어선 어획물 자료는 국가에서 관리를 하는 경우가 많기 때문에 1950년대 이후부터는 세계식량농업기구(FAO)에서도 전 세계 국가 어획물 통계를 어종별로 집계해오고 있다. 우리나라에서도 수협을 통해 위판되는 어획물 자료를 어종별, 업종별, 행정구역별로 집계를 해오고 있으며, 1980년대 이후에는 어선과 통신하는 무선국을 통해서 어획 위치(해구) 정보까지 연결시킬 수 있다. 일제강점기 동안에는 조선총독부에서 남긴 자료들이 대부분 유실되었지만 주요 어종에 대해서는 1926년부터 연도별 어획고 자료가 운 좋게 남아 있다.

해양수산부, 수협 등에서는 어획 통계를 개인정보, 어장위치 노출, 한·중·일 어업협상 등을 이유로 외부에 공개하지 않고 있다. 공개를 해야 대학이나 민간 연구소에서 그 자료를 활용하여 분석도 하고 자료 검증도 할 수 있을 텐데, 이런 과정이 없다보니 자료 관리가 엉망이다. 이 자료들 중 일부는 국립수산과학원에서 받아 관리해오고 있는 것으로 보이는데, 수산생물을 잘 모르는 소프트웨어 개발 중소기업에 외주로 주어 전산화시켰기 때문에 여러가지 오류들이 있고, 또 일부 자료는 전산실 실수로 유실되기도 했다. 이 오류가 많은 자료를 가지고 해양수산부에서 수산정책을 만들 때 써오고 있다. 진작 공개하였다면 대학이나 연구소에서 백업을 해두어 자료가 영구히 사라지는 일은 방지할 수 있었고, 검증을 통해서 오류를 줄일 수 있었을 것이다.

더 큰 문제는 어획 통계자료를 같은 해양수산부 산하 부서에서도 제대로 얻을 수 없다는 것이다. 가령, 나는 지난 몇 년 동안 해양수산부에서 발주한 해양공간계획수립 관련 연구개발사업에 참여해왔는데 해양수산부 '해양'쪽 담당 부서에서 어획 통계를 담당하는 '수산'쪽에 자료 요청을 하면 이런저런 이유를 대면서 거절한다. 그 이유가 무엇인지는 정확히 알 수가 없으나, 자료가 공개 또는 유출되어 어떤 문제가 발생했을 때 책임을 지는 것이 부담스러웠던 것으로 보인다. 이렇게 국내에서 얻기 어려운 어획 자료는 오히려 'SEA AROUND US'와 같은 외국 인터넷 사이트에 가면 더 정확한 우리나라 어획 통계자료를 구할 수 있는 코미디도 벌어지고 있다. 해양수산부에서 국제기구에는 자료를 제대로 제공하는 모양이다. 언제부터 대한민국 정부가 자국민보다 외국인을 먼저 생각해주게 되었는가?

이렇게 이런저런 이유로 외부에 공개되지 않은 채 부실하게 관리되고 있는 자료와는 대조적으로 국립수산과학원에서 관리하여 공개하고 있는 정선해양관측자료는 세계적으로도 깊은 수심까지 수십 년 동안 수온과 염분과 같은 해양환경 자료를 축적한 경우가 드물기에 국제적으로도 그 가치를 인정받고 있다. 물론 공개를 하지 않았을 때는 여러 가지 오류가 있었지만 일단 외부로 공개를 하고 나서는 외부 연구자들 검증을 통해 오류를 개선하는 등 자료 질 관리가 제대로 될 수 있었다.

수산 자료가 보안 대상?

수산분야 자료 공개와 공유를 더 어렵게 만드는 것은 정보기관에서 한일어업협정을 이유로 수산 정보와 자료 유출을 감시해왔다는 것이다. 국익을 위해서 자료 대외 유출을 감시하는 것은 뭐라 나무랄 일은 아니다. 더구나 1998년 쌍끌이 파동으로 당시 해양수산부 장관이 물러난 적도 있다.

그러나 그 어업협정이라는 것이 무엇인지 살펴보면, 정작 우리나라 영해 안에서는 총허용어획량(TAC)과 금어기를 도입하여 갈치와 고등어를 되도록 많이 못 잡게 하면서, 일본 영해 안에서는 더 잡게 해달라는 것이다.

갈치와 고등어에게는 국경이 없다. 일본 갈치가 곧 우리나라 갈치이고, 일본 영해에서 잡은 갈치도 부산항에 내리면 국내산 갈치가 된다.

같은 갈치를 두고 한쪽에서는 덜 잡게 하고 다른 쪽에서는 더 잡게 하려는 서로 모순되는 TAC와 한일어업협정이 과연 국익에 부합하는지 해양수산부와 관계기관은 다시 검토해보길 바란다. 아울러 언제부터 누가 왜 갈치를 국가 안보 대상으로 등극시켰는지도 투명하게 밝혔으면 좋겠다.

'우리나라 거짓 수산학의 뿌리' 편에서 잠깐 언급했듯이 지금 국립수산과학원에서는 수산자원전용조사선 몇 척을 동시에 투입하여 우리나라 연근해 수산생물 조사를 대대적으로 하고 있어 수산분야 기초 연구와 교육이 제대로 될 수 있겠다는 희망이 보였다. 그런데 이런 연구선을 통한 수산생물 직접 조사 자료도 국가 안보 대상이 되어선 안 된다. 난 전 세계 어디에서도 연구선으로 채집한 수산생물 채집 자료를 국익을 이유로 정보기관에서 감시하는 사례를 본 적이 없다.

표절과 도용에 이어 공개도, 활용도 하지 않고 꽁꽁 숨길 자료라면 왜 수백억 원 국민혈세를 들여 연구선을 투입하여 얻으려고 하는지 도저히 이해할 수가 없다. 수산생물 관련 논문을 게재하려면 정보기관 눈치까지 봐야 하는 게 투명한 정보 공개와 열린 소통을 인터넷 홈페이지 곳곳에 붙여놓고 있는 지금 정부에서 일어나고 있는 현실이다.

소탐대실

그렇다면 유독 수산 관련 자료를 가지고 이렇게 비밀주의가 만연한 것이 우리나라에만 국한된 일일까? 한일어업협상을 이유로 자료 공개를 감시하는 것을 보면서, 상대국인 일본 정부는 수산 분야 자료와 정보를 어떻게 통제하고 있는지 궁금해진다.

일본은 앞서 말한 국립감염병연구소에서도 보았듯이 더 비밀주의를 고수하고 있는 것으로 보인다. 특히 동해 명칭과 독도 영유권 문제를 가지고 우리나라 국립수산과학원에 해당하는 일본 수산연구교육기구(FRA) 소속 연구자들과 대학 교수들에게 대응 지침을 비공식적으로 은밀하게 하달하는 일본 정부, 그리고 그것을 순순히 따르는 일본 과학자들을 보아온 나는 저 나라는 과연 민주주의 국가인가라는 생각이 들었다.

우리나라 해양수산부는 어업협정이나 동해, 독도 문제로 이렇게 괴이한 나라 일본과 오랫동안 대응해오면서 점점 더 일본과 닮아가게 되었다. 따라서 우리나라 수산분야에 만연한 비밀주의의 원인도 일본을 보면 그 답이 보인다.

일본 후생노동성을 주도하는 국립감염병연구소의 전신은 제2차 세계대전 생체실험으로 악명이 높은 731부대이다. 후생노동성이 코로나바이러스 관련 자료를 제대로 공개하지 않고 검사수를 일부러 줄이려고 하는 이유는 관료 부처이기주의 때문이다. 우리나라 수산분야도 일본과 마찬가지로 부처이기주의가 자료공개와 공유를 거부하는 궁극적인 이유라고 나는 본다. 수산자료를 국민의 것이 아닌 그들만의 밥줄로 여기고 있다.

얼마 전에 해양수산부 담당 공무원을 만날 기회가 있어 이렇게 부실하게 관리되고 또 제대로 활용도 안 되고 있는 수산자료 문제점에 대해서 하소연을 했더니, 해양수산부에서도 이런 문제점을 잘 알고 앞으로 해양수산 분야 자료를 법령으로 통합관리할 계획을 세우고 있다는 답을 들었다. 그러나 해양수산부 장관 이름으로 공문을 보내 자료요청을 해도 대충 형식적으로 낡은 보고서 하나 보내면서 실제로 거부하는 같은 해양수산부 기관들을 보아온 나로서는 큰 기대를 하지 않는다.

단기적인 어업협정보다 더 큰 국익이 장기적인 우리나라 수산분야 기초연구 발전과 교육임을 관계기관은 제대로 깨닫기 바란다. 수산 관련 정보를 투명하게 공개하는 것이야말로 수산학이 정보통신, 인공지능과 같은 다른 학문과 융합하여 새로운 시대에 맞게 발전할 수 있는 토대와 젊은 인력을 양성할 수 있는 교육 기반을 마련하는데 가장 중요한 일이다. 일본 바다에서 갈치 좀 더 잡으려고 꼭꼭 숨기고 감추다가 우리나라 수산업은 위기를 맞게 될 것이다.

해양수산부 '대외비' 감척사업

해양수산부 소속 연구기관인 국립수산과학원에서는 우리나라 주요 수산생물종에 대한 기초 생태학 정보를 담은 '생태와 어장'이라는 단행본을 5년에 한 번 정도 발간을 해왔다. 우리가 즐겨 먹는 바다 물고기들의 산란, 성장, 서식지, 계절 회유 등 기초 생태 정보를 잘 요약한 책이라 낚시인들은 물론 연구자들도 수시로 참고하는 유용한 책이었다.

그런데 어느 순간부터 이런 기초 생태학 책이 '대외비'가 되어 해양수산부 공무원들만 볼 수 있고 나 같은 지방국립대학 선생은 더 이상 구할 수도 볼 수도 없다. 2005년을 마지막으로 외부로 공개된 이 책은 인터넷으로 볼 수도 있는데, 이후 무슨 큰 사변이 났기에 갑자기 '대외비'가 되었는지 해양수산부의 그 깊고 은밀한 사연은 도저히 가늠하기조차 힘들다.

이것뿐만이 아니다. 연근해어선 감척사업이나 총허용어획량(TAC)제도와 같은 우리나라 주요 수산정책을 뒷받침하는 연구보고서도 대부분이 대외비로 분류되어 있다. 설령 상식에 반하는 희한한 수산정책이 나오더라도 그런 정책들이 어떤 과정을 겪어서 왜 나오게 되었는지 가늠할 길이 없다. 또 누가 그런 수산정책들을 뒷받침하는 연구를 했는지 알기가 힘들어, 관련 학회 등을 통해서 직접 만나 궁금한

점을 서로 묻고 토론할 수 있는 기회조차 갖기 힘들다. 공론화시켜서 어업인들과 일반 국민들에게 바로 알리고 설득을 해도 모자랄 정부 부처에서, 이런 기회를 원천적으로 차단하는 비밀주의에서 아직도 벗어나지도 못했고 벗어날 계획도 가지고 있지 않다.

수산관련 자료가 '대외비'?

'핑계 없는 무덤 없다'고 수산관련 자료와 간행물에 온통 '대외비'라는 딱지를 마음껏 붙이는 해양수산부 관행에도 그럴듯한 이유는 다 있다. 그런 정보가 공개되면 한일어업협상에서 우리 정부 협상단이 불리해질 수 있다는 것이 매년 나오는 핑계이다. 그러나 '정보 공개와 투명한 수산' 편에서도ㅈ '소탐대실'이라고 설명했듯이, 일본 연안에서 우리나라 어선이 들어가서 고작 갈치 몇 천 톤 더 잡게 해달라는 그 한일어업협상을 위해서 연 100만 톤 규모의 우리나라 연근해 어업에 대한 정보를 모두 '대외비'라는 딱지를 붙여, 어업인은 물론 대학이나 정부출연연구소 연구자들도 볼 수 없게 원천 차단시켜놓고 있다.

더 심각한 것은 주요 수산정책의 근거가 되는 연구보고서이다. 과학을 하는 연구자들은 여러 가지 다양한 방법론으로 자연이나 사회 현상을 분석하기 때문에 서로 의견이 다를 수도 있고, 또 상호 비평과 토론을 통해서 자신들의 약점을 보완하고 다른 사람들의 장점과 충고를 받아들여 학문을 발전시켜왔다. 이런 연구보고서가 '대외비'로 수십 년 분류되어 왔다면 그 관련 연구 방법론은 그 동안 이런 상호 비평 과정을 거치지 못했기 때문에 낡았거나 지금은 엉터리로 판명된 옛 것을 그대로 쓰고 있을지도 모른다는 것이다.

대표적인 예로 우리나라 연근해 감척사업을 한번 보자. 수산자원 회복과 조업구역 축소에 대한 보상을 목표로 해양수산부가 1994년 이래 연근해어업 구조조정 사업을 시행하고 있으며, 또 1999년 한일어업협정, 2001년 한중어업협정이 체결됨에 따라 협정 영향을 받은 어업 어선에 대하여 추가 감척사업을 추진했고 1999년부터 2004년까지 감척사업은 일반감척사업과 국제감척사업으로 나누어 하고 있다고 한다.

'연근해 어업생산량은 왜 줄었을까?' 편에서도 썼듯이, 2016년에 우리나라 연근해 어획고가 100만 톤 밑으로 내려간 게 문제가 된다면, 어획고를 다시 100만 톤 이상으로 올리는 방법은 무엇일까?

나는 세상이나 자연현상을 복잡하게 보지 않고 쉽고 단순하게 보려고 한다. 고기를 잡으려면 어선이 필요하다. 어선이 0척이면 어획량은 0이다. 또 어선 1척이 잡는 것보다 2척이 잡는 것이 더 많은 고기를 잡는다. 어선수가 많아져야 고기를 더 많이 잡을 수 있다. 그런데 어선수를 줄이는 감척사업으로 장기적으로 연근해 어획고가 늘기를 바라는 것은 상식에 반하는 주장이다. 더군다나 노령화와 어가수 감소로 수산업 자체가 사양길인데 이런 감척사업은 빨리 뛰어내려 죽으라고 뒤에서 등을 미는 격이다. 게다가 수산자원 보호한다고 온갖 규제들을 새로 만들어 내어 기존에 하던 어업까지도 더 힘들게 하고 있다. 그런데 이런 상식에 반하는 정책이 어떻게 나오게 되었는지 수산학을 전공한다는 나도 잘 모르는데 어업인들이나 다른 분야 연구자들은 오죽하겠는가?

어획노력량과 수산자원량 추정

어가 경영 악화 등 경제적인 이유로 업종에 따라 부분적인 감척사업을 하는 것은 이해할 수 있었지만, 우리나라 연근해 전체 수산자원량을 늘이겠다고 정부가 나서 어선수를 줄이는 것은 여전히 이해를 할 수가 없다. 이런 감척사업을 해양수산부에서 왜 추진하게 되었는지 그 이유를 짐작이라도 해보려고 인터넷으로 공개된 관련 보고서와 언론 기사들을 검색해 보았다. 결론은 엉터리 통계 분석을 한 것이 그 원인으로 보였다. 내 짐작이 틀리기를

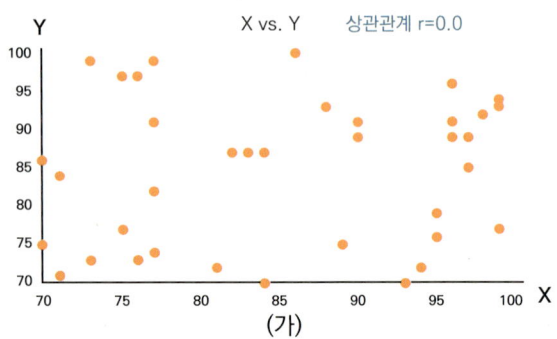

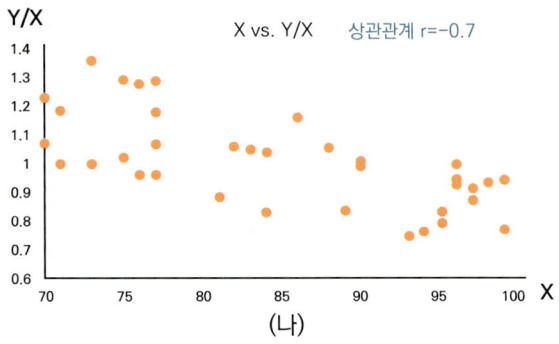

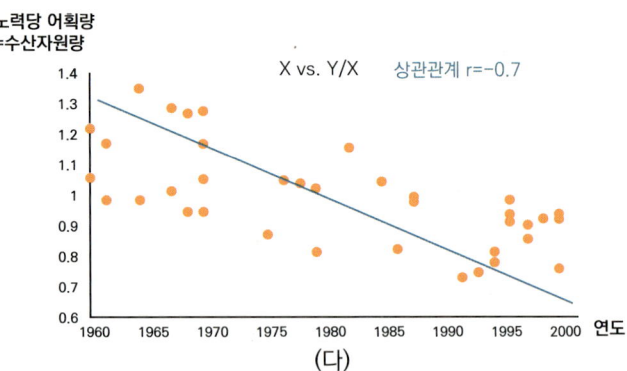

〈그림 1〉 눈속임 상관관계 (spurious correlation)

바라면서 대학생 정도면 이해할 수 있는 어획노력량과 수산자원량 추정 관련 기초 통계를 간단히 설명해본다.

〈그림 1〉에서 (가)는 변수 X와 Y 모두 70에서 100사이 숫자를 주사위 던지는 것과 같은 행위인 무작위로 뽑아서 그린 것이다. 따라서 X와 Y 상관관계는 거의 없는 것으로 나와 당연히 X와 Y는 아무런 관련이 없다. 상관관계라고 하는 것은 X가 증가할수록 Y도 증가하면 그 값이 1에 가까워지고, 반대로 X가 증가할수록 Y는 감소한다면 그 값은 -1에 가까워진다. X와 Y 증감이 서로 관련이 없을수록 상관관계는 0에 가까워진다.

(나)는 (가)에서 그린 값들 그대로 가져와 Y를 X로 나눈 Y/X 를 Y축에 두고 그려보면 이 때 상관관계는 -0.7로 유의하게 나와서 X가 커질수록 Y/X는 줄어드는 경향이 있다는 결과가 나온다. 빵이 10개 있는데 2명이 나누어 먹을 때보다 5명이 나누어먹을 때 한 명이 먹을 수 있는 빵 수는 줄어든다는 당연한 이야기다. 나누어주는 값 X가 커질수록 Y/X값이 작아진다는 뻔한 이야기다.

(다)를 보자. 이젠 X를 어선수나 무게와 같은 어획노력량이라고 두고 Y를 연도별 어획량이라고 두면 Y/X는 단위노력당어획량(CPUE)라고 해서 우리나라 연근해 수산자원량의 지표가 된다. 만약 어획노력량(X)이 해마다 일정하게 증가하게 했다고 하면, 지난 수십 년 동안 수산자원량 Y/X이 줄어든다는 결과가 무조건 나오게 되어 있다.

수학식으로 말해보면 Y/X가 지난 수십 년 동안 줄어든 이유는 X가 꾸준히 증가했기 때문이라는 지극히 당연한 이야기다. X와 Y는 실제 아무런 관련도 없는데 마치 관련이 있는 것처럼 보이는데, 기초통계학에서는 이것을 '눈속임 통계학(spurious relationship)'이라고 한다. 이런 시간과 공간에 따른 관련성이 높은 변수들은 해석할 때 대단히 조심해야 한다.

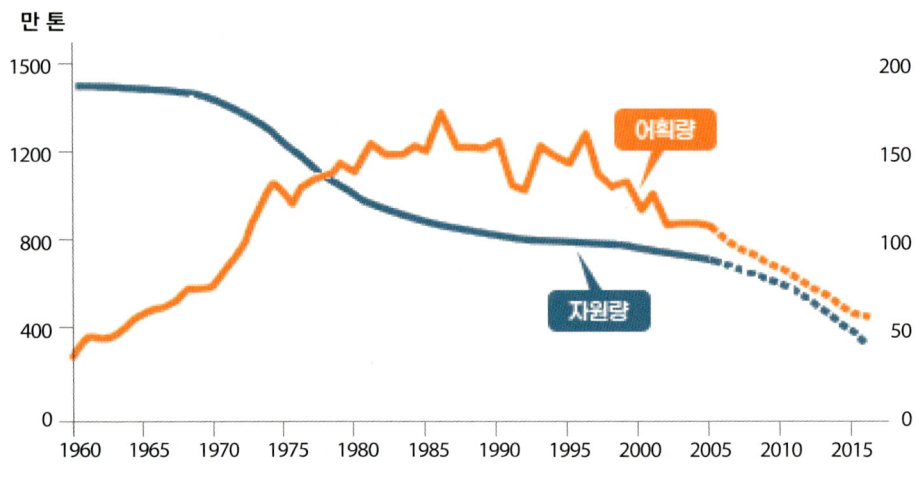

〈그림2〉 해양수산부 연근해 자원량 추정치 (출처: 한겨레 2006.11.10 "텅 빈 연근해... 그물엔 멸치오징어만 '북적'")

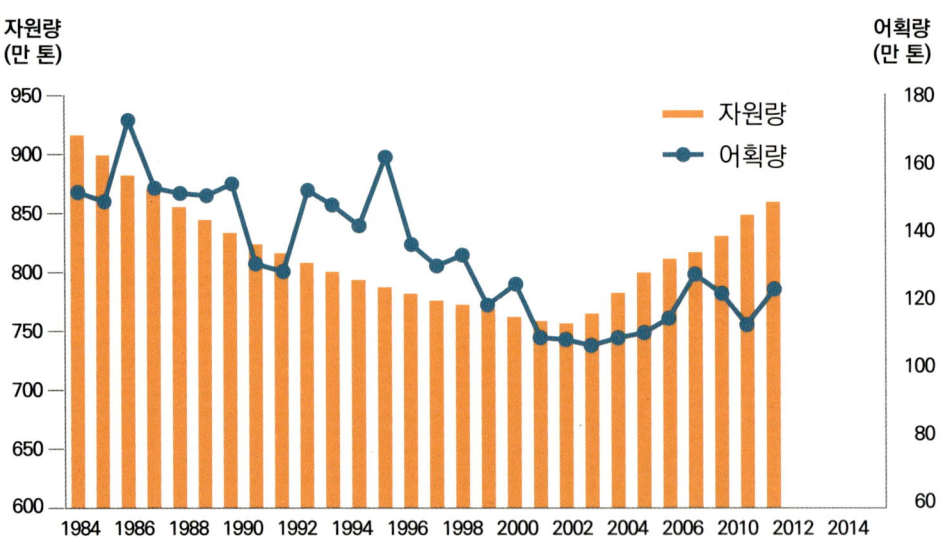

〈그림3〉 해양수산부 연근해 자원량 변동 (출처: http://www.suhyupnews.co.kr/news/articleView.html?idxno=5075)

지난 수십 년 동안 우리나라 연근해에서 어획노력량 X가 어떻게 변했는지 추정한 공개 연구보고서들을 보면 실제 X는 해마다 꾸준히 증가했다고 모두 평가하고 있다. 어선톤수로 보나 마력수로 보나 모두 꾸준히 증가했다. 따라서 어획노력량 X가 꾸준히 증가했기 때문에 수산자원량이 줄어들었다는 것을 그럴듯하게 보여주는 〈그림 2〉와 같은 그림은 무조건 나오게 되어 있다. 또 감척사업으로 X가 줄어들면 수산자원량은 2004년 이후로 다시 늘어난다는 그럴듯한 그림도 무조건 나오게 되어 있다 〈그림 3〉.

그러나 단위면적당 수산자원량이라는 것은 그렇게 쉽게 바뀌는 것이 아니다. 지난 50년 동안 우리나라 연근해에서 단위면적당 수산자원량을 증감시킬 수 있는 해양생태계 변동요인이 있었다는 연구 결과는 전무하다. 지구는 아직도 태양 주위를 그대로 돌고 있으며, 수산자원량을 결정하는 것은 궁극적으로 태양빛이기 때문이다. 따라서 수산자원량은 해마다 일정했다고 보는 것이 타당하며, 어획노력량이라는 불확실한 변수를 가지고 수산자원량이 줄어들었다는 이런 연구보고서들은 그 방법론을 외부 전문가들이 검토를 할 수 있도록 해주어야 한다. 그런데 해양수산부는 지금 모두 '대외비'로 감추고 있다.

어획노력량 X라고 하는 것은 어선 톤수나 마력으로 할 때 서로 차이가 조금씩 난다. 어업자료의 불확실성 때문이다. 낚시를 할 때 모든 사람이 똑 같은 수의 고기를 잡는 것이 아니다. 많이 잡는 낚시 전문가도 있고 한 마리도 못 잡고 허탕치고 오는 초자도 있는 것처럼 어선어업도 마찬가지이다. 믿을만한 어획노력량 X 수치를 추정한다는 것은 현실적으로 불가능하다.

따라서 불확실성을 안고 수산정책을 펼 수밖에 없으며, 이 때문에 수산학은 다른 어떤 학문보다 불확실성 처리 문제를 가장 먼저 고민했고 지금도 가장 앞서가고 있다. 문제는 이런 불확실성을 일반인들이나 정책개발자들이 잘 이해를 못한다는 것이다. 단적으로 태풍 진로 예보가지고 해마다 기상청이 동네북이 되는 나라는 전 세계에서 우리나라 밖에 없다는 것만 봐도 불확실성을 이해 못하는 과학문맹이 만연하고 있다는 것을 잘 엿볼 수 있다.

기후변화에는 유연한 수산정책이 효과적

정리를 하면 우리나라 연근해 수산자원량이라는 것은 지난 수십 년 동안 큰 변화없이 거의 일정했지만, 어획노력량이라고 하는 것은 그 불확실성에도 꾸준히 증가했고, 최근에는 감척사업이나 노령화 등으로 다시 줄어들고 있다고 보는 것이 타당해 보인다. 문제는 불확실한 어획노량량 자료를 토대로 수산자원량이라는 것이 꾸준히 줄어들었으니 다시 늘려보겠다는 잘못된 목표이다. 수산자원량은 변하지 않았다.

어차피 일정하게 정해진 수산자원량이라면 거기서 얻을 수 있는 소득과 가치를 장기적으로 최대로 유지하게 하는 것이 수산정책의 목표가 되어야 한다. 줄어들지도 않은 수산자원량을 애써 늘리겠다면서 펴는 감척사업과 같은 정책과 규제들은 다시 검토해서, 더 이상 어업인들이 복잡한 규제에 따른 경영 악화 때문에 어업을 포기하는 일은 없어야 할 것이다.

수산자원량은 장기적으로 일정하더라도 개별 어종 어획고는 크게 변동을 해왔다. 따라서 기후변화 등으로 많이 잡히는 어종 우점종이 크게 변동하면 한 업종이 새로운 어종을 어획 대상으로 쉽게 잡을 수 있도록 규제를 완화해주는 것이 내리막 수산업을 다시 살리는 길이다. 기후변화에는 유연한 수산정책이 효과적인 대응방법이다.

투명함이 수산업을 살린다

해양수산부, 특히 국립수산과학원이 관련 정책 연구보고서를 '대외비'로 분류해서 외부에 공개하지 않는 이유는 겉으로는 한일어업협정이지만 실제는 어떤 자신감이 부족해서 그렇지 않나 싶다. 모든 것을 공개하는 기상청은 대통령도 나서 두들기는 동네북이 되는 우리나라 연구 풍토를 보면서 충분히 이해할 수 있다.

비평과 비판을 두려워하는 것으로 보인다. 그러나 더 이상 숨기고 감추기에는 우리나라 수산업이 위기이다. 낡은 사고방식, 낡은 방법론, 고령화된 어업인, 줄어드는 어가 수, 나날이 악화되는 어업 경영, 수산업을 죽이는 헛방망이 정책들을 극복하는 첫 걸음은 투명한 정보공개라고 나는 본다. 일반인들과 외부 전문가들의 비평과 상호 피드백을 통해서 우리나라 수산업과 수산학이 발전할 수 있도록 해양수산부에서는 지금 '대외비'로 묶인 수산 관련 자료와 간행물들을 공개해줄 것을 다시 간곡히 부탁한다. 투명한 수산이 수산업을 다시 살린다.

몰락하는 일본 수산업 따르면 우리도 망한다

　일본을 보면 한국이 보인다. 지난 수십 년 동안 우리나라 수산학계와 수산정책에서 통용되어 왔던 '남획'이라는 말은 그 근거가 빈약한 신화에 지나지 않는다는 것을 지난 연재를 통해서 살펴보았다. 그나마 과학적인 분석에 기반한 것이라고는 단위어획노력당 어획량(CPUE)이나 지속적 최대 생산량(MSY)을 지표로 삼아서 남획이라는 것을 정의하는 것이었지만, 그 분모가 되는 어획노력량은 정량화하기도 힘들뿐더러 불확실성이 너무 크기 때문에 그 해석에서 심각한 오류를 낼 수밖에 없다는 것도 지적했다.

　남획이라는 말은 세계적으로 20세기 들어와서 쓰였고, 한국 수산학의 대부라고 하는 정문기 선생이 쓴 글에서도 간간히 언급되고 있다. 우리나라에서 남획이라는 말이 본격적으로 쓰인 것은 1990년대 들어 참조기 어획량이 크게 줄어들면서이다. 이 영향을 받아 중국에서도 멸치나 참조기가 남획되었다는 이야기가 나온 것으로 보인다. 그렇다면 우리나라와 중국에서 1990년대에 본격적으로 나왔던 이 남획이라는 말은 어디에서 영향을 받은 것일까? 물론 유럽이나 미국 영향을 받았을 수도 있겠지만, 나는 일본을 그 출처로 본다.

　자연과학자인 나는 일본 어업 역사에 대해서 제대로 공부해본 적은 없지만, 지

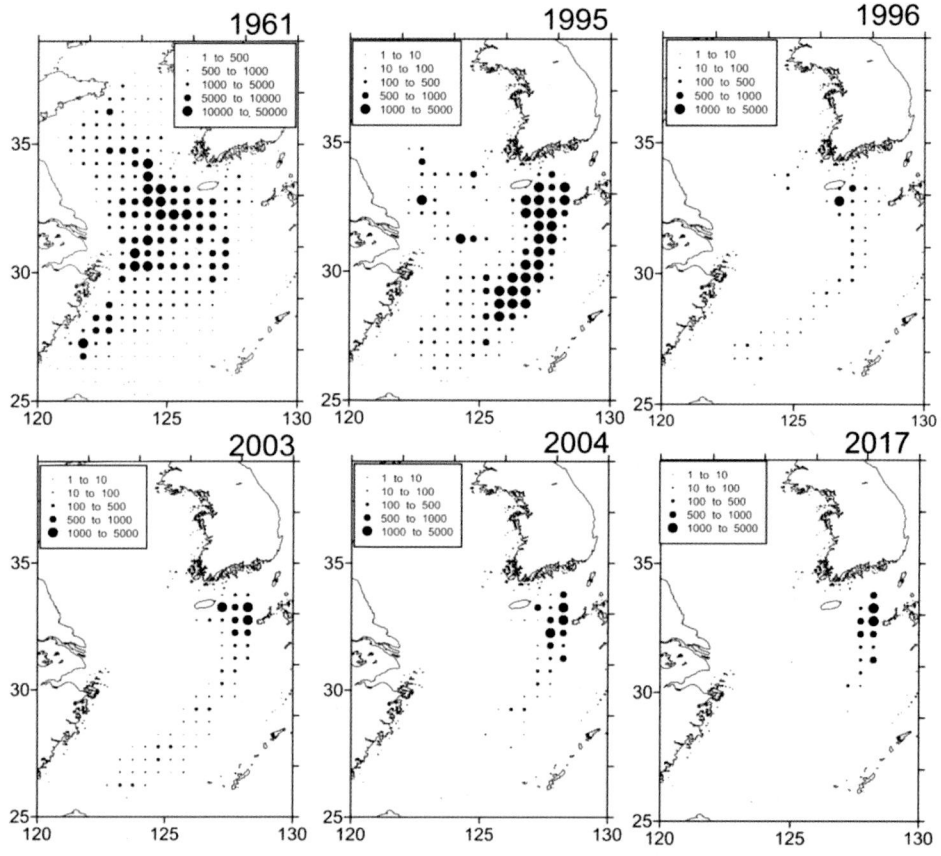

〈그림 1〉 일본 이서 저인망어업 어장 분포 (단위: 저인망 수)
(출처: http://abchan.fra.go.jp/digests2018/details/201872.pdf)

금까지 수집한 자료를 가지고 일본에서는 남획이라는 말이 어떻게 해서 나오게 되었고, 그 경과는 어떠했는지를 일본에서 이서(以西)어업이라고 하는 20세기 황해와 동중국해를 대상으로 큐슈, 특히 나카사키에서 출항하여 조업했던 일본 저인망어업 역사를 통해서 살펴보겠다.

〈그림 1〉은 동경 130도를 기준으로 서쪽인 황해와 동중국해에서 1961~2017년

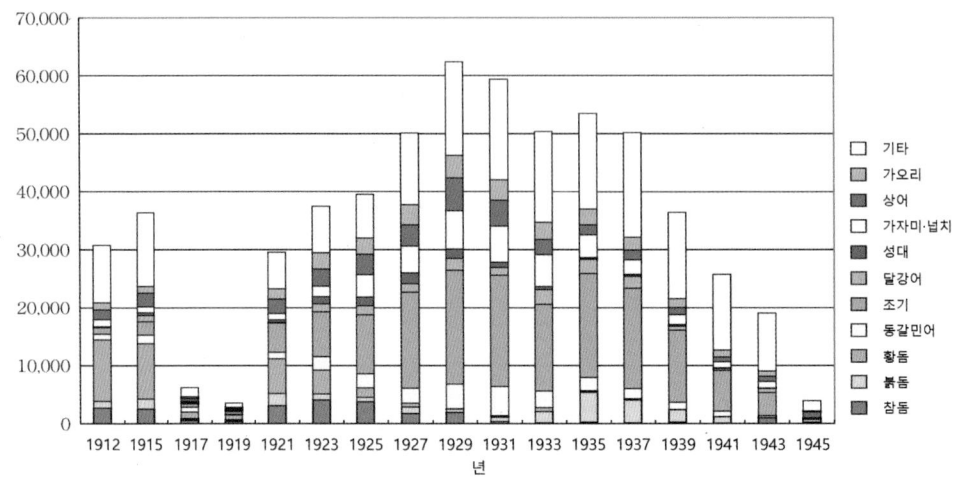

〈그림 2〉 1912~1945년 일본 이서 어업 어획고
(출처: 片岡千賀之. (2010). 以西底曳網漁業の戰後史 (2). https://agriknowledge.affrc.go.jp/RN/2030792870.pdf)

조업했던 일본 저인망 어선 분포도다. 20세기 초에 일본은 유럽으로부터 터빈을 사용한 동력선을 도입하여 시행착오 끝에 트롤과 같은 동력어선으로 물고기를 대량으로 잡을 수 있게 되었다. 그러나 트롤어선은 그 어획강도가 연안 재래식 어선과는 비교가 안 될 정도로 높아, 일본 정부는 동경 130도를 기준으로 동쪽에 있는 자국 연안 어업 보호를 목적으로 동경 130도 이서(以西)에서만 트롤 어업을 허가한다. 또 일본 어업인들이 조선으로 본격 들어오면 역시 조선 연안 어업을 보호할 목적으로 조선총독부에서 트롤 금지 수역을 정하는데, 해방 이후 지금까지 한일 영해와 어업권 분쟁의 근거가 되고 있고, 국내에서도 동경 128도 기준 조업 해역을 둘러싼 업종 간 지역 간 어업 갈등 소지로 여전히 남아 있다.

황해와 동중국해에서 일본 저인망 어업으로 남획이 일어났다고 처음으로 평가한 국가 보고서는 나가사키 소재 수산청 서해구연구소에서 1951년 발간한 '이서 저서 자원조사 연구보고'로 보인다. 이 보고서에서는 황돔, 참돔, 민어와 같은 일본 고급 어종 어획고와 단위노력당 어획량이 1910년대부터 점점 증가하다가 1920~1930년대에 정점을 찍고는 그 다음 종전까지 크게 줄었다고 평가를 했는데, 그 이유로 이서 저인망 어업의 남획을 꼽았다. 1912~1945년 일본 이서 어업 어획고를 보면 1930년을 정점으로 점점 줄어들었음을 확인할 수 있다〈그림 2〉.

그 다음 1985년 2월 11일자 아사히신문은 톱기사로 역시 같은 서해구연구소 보고서를 인용하여 1950년대에 비교해서 1980년대 저어류 자원량이 1/4로 줄었고, 특히 참돔은 1/100로 크게 줄었다고 보도하였다. 그 원인으로 기존의 일본 어선은 물론 이 무렵 세력을 확장하기 시작한 중국과 한국 어선의 남획을 꼽았다.

아마도 이런 일본 수산연구소 조사 보고서와 언론 보도를 통해서 일본에서는 남획 신화가 뿌리를 내렸으며, 실제 일본은 2차 세계대전 직전까지 전 세계 바다에 원양 어선을 보내면서 각 나라들과 어업 분쟁을 일으킨 민폐국이었다. 지금은 중국이 그 역할을 대신하고 있으며, 일본 어업 세력은 크게 줄어들었다.

그렇다면 남획이 일어나 자원량이 1/100 수준으로 고갈되었다고 서해연구소에서 평가했던 참돔은 그 이후 과연 어떻게 되었을까? 〈그림 3〉은 황해와 동중국에서 1922~2016년 약 190년에 걸쳐 잡힌 참돔 국가별 연간 어획고이다. 1985년 이후 일본 참돔 어획고는 약간 감소하였지만 한국을 포함한 다른 나라 어획고를 모두 포함하면 이 해역에서 참돔 어획고는 오히려 증가하는 추세이다. 자원량이 1/100 수준으로 줄었다던 참돔이 어떻게 어획고가 오히려 더 늘 수 있는가?

〈그림 3〉에서 1945년 이전 참돔 어획고를 보면 일본 어획고만 나와 있는데, 서해구수산연구소에서 1951년 발간한 보고서 자료를 그대로 가져온 것이다. 1920년

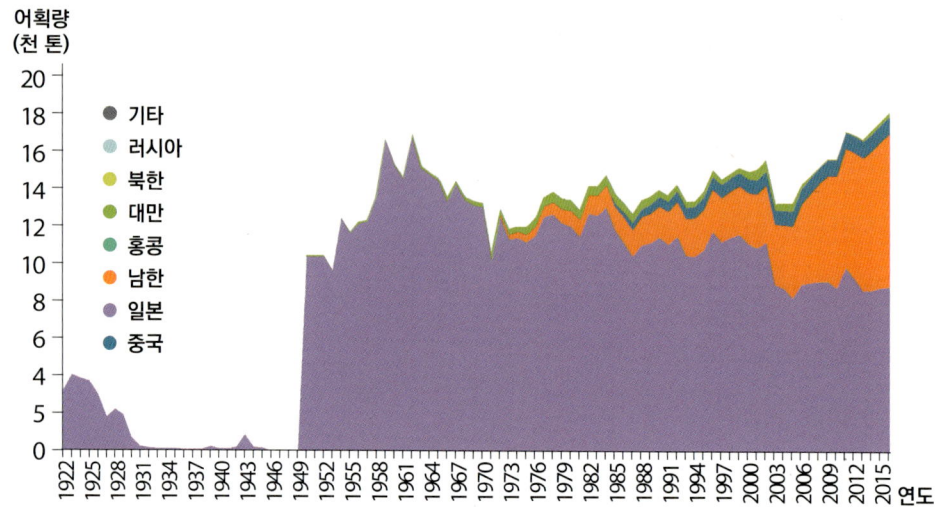

〈그림 3〉 황해와 동중국에서 1922~2016년에 걸쳐 잡힌 참돔 어획고
(출처: 일본 서해구수산연구소 「以西底魚資源調査研究報告」(1951), SeaAroundUs.org)

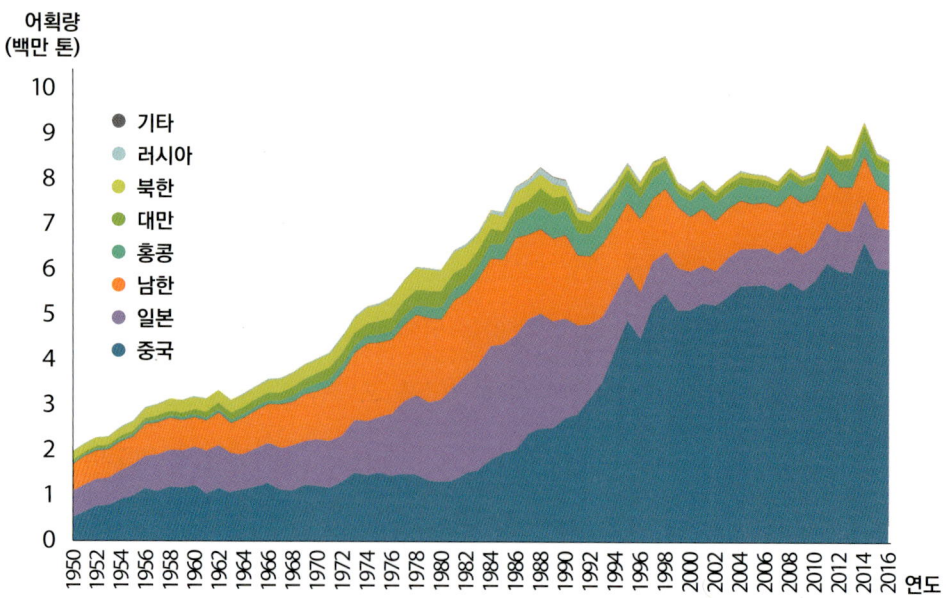

〈그림 4〉 1950~2016년에 잡힌 황해와 동중국해 국가별 어획고 (출처: SeaAroundUs.org)

대에 정점을 찍었던 참돔 어획고는 보고서 평가대로 크게 줄어 1930년대 이후 거의 안 잡히게 되었다. 그러나 그 당시 남획이라고 했던 어획고 수준은 연 4,000톤에 지나지 않는데, 2016년 기준 일본만 약 1만 톤을 잡고 있으며, 이 해역 전체 참돔 어획고는 약 1만 6,000톤으로 1930년대 보다 4배 이상 어획을 하고 있다. 1945년 이전 일본 어획고 통계에 문제가 있을 수도 있겠지만, 지난 100년 동안 동중국해와 황해에서 참돔이 남획으로 자원이 고갈되었다는 주장을 뒷받침하는 연구 결과는 아직 없는 것으로 보인다.

아마도, 1980년대 들어 중국과 한국 어선 세력이 확장되면서 이에 위협을 느껴서 아사히 신문이 남획으로 동중국해 수산자원이 고갈되어 가고 있다고 대대적으로 보도를 했을지도 모른다.

〈그림 4〉는 황해와 동중국해에서 국가별 전체 어획고를 나타낸다. 남획이 본격 시작되었다고 보도했던 아사히 신문 보도와는 반대로 1985년 이후 이 해역 어획고는 약 800만 톤 수준에서 거의 일정하거나 오히려 조금씩 증가해왔다. 그러나 국가별로 보면 1980년대 이 해역에서 전성기를 누렸던 일본 어업은 그 1등 자리를 중국에게 뺏기게 되고, 1990년대 후반 각 국이 200해리 영해를 선포하면서 일본과 한국은 그 주도권을 중국에게 완전히 뺏겨 이 해역 어획고는 점점 줄어들고 있다.

〈그림 5〉는 일본 이서 저인망 어업 어획량, 노력량(어로체수), 그리고 단위노력당 어획량(CPUE)을 나타낸 것인데, 어획량과 노력량은 1970~2006년 동안 꾸준히 줄어들었지만, CPUE는 거의 일정하거나 약간 줄었다. 우리나라 감척사업 미래를 보여주고 있다.

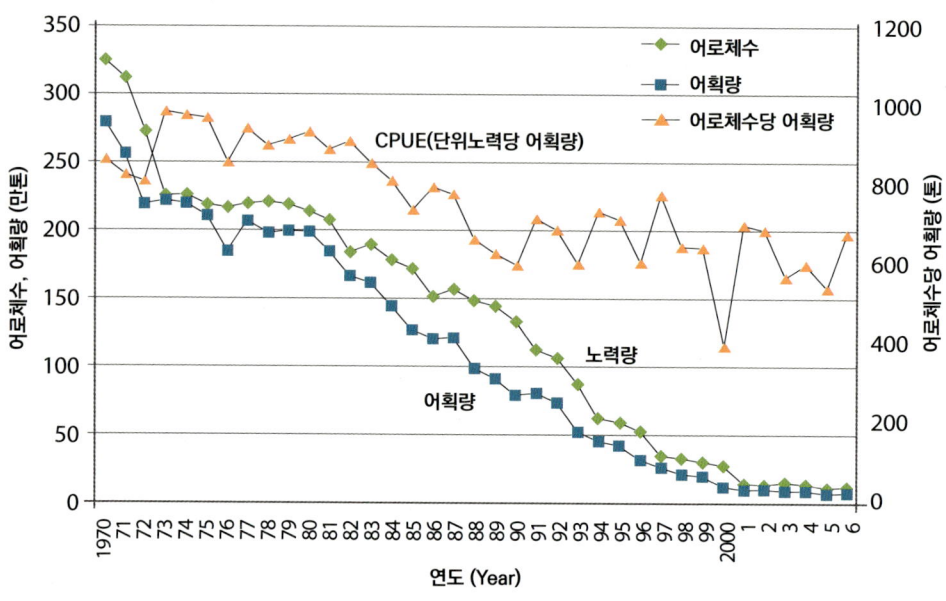

〈그림 5〉 일본 이서해역 저인망 어업 연간 어획량과 노력량 연 변화 (1970~2006)
(출처: 片岡千賀之. (2010). 以西底曳網漁業の戰後史 (2). https://agriknowledge.affrc.go.jp/RN/2030792870.pdf)

우리나라 해양수산부에서 수산자원량 지표로 삼고 있는 CPUE는 일본 이서 저인망 어업의 경우 그 어선수를 1970년 이후 40년에 걸쳐서 1/30 수준으로 줄여도 늘지 않고 있다. 해양수산부에서는 CPUE가 늘면 자원이 회복되었다고 볼 것인데, 일본의 경우 40년 동안 어선수를 아무리 줄여도 어획량도 CPUE도 늘지 않고 있다. 우리나라 해양수산부가 어선수를 줄이는 감척사업으로 장기적으로 연근해 어획고가 늘기를 바라는 것은 상식에 반하는 주장이라는 것은 '해양수산부 '대외비' 감척사업' 편에서도 자세히 설명을 했으며, 일본 이서 저인망 어업 역사에서도 확인해볼 수 있다.

지금 해양수산부가 일본 전철을 그대로 밟지 않으려면 감척사업을 중단하거나 크게 바꾸어야 한다. 핵심은 일본에서 왜 이서 저인망 어업 어선수는 꾸준히 줄어 은 명맥도 유지하지 못할 정도로 몰락했나이다. 일본이나 한국이나 어선 숫자가 왜 줄어들었는지 살펴보면 원인도 나오고 대책도 나올 수 있다.

장기적으로 어느 해역이든 잡히는 고기 양은 정해져 있는데, 어업 규제가 심해 질수록 조업에 드는 비용은 많아질 수밖에 없다. 따라서 우리나라처럼 복잡하게 얽혀있는 어업규제에 TAC(총허용어획량)니 금어기니 하는 추가적인 규제가 강화 될수록 투자비용 대비 어업수익은 점점 감소할 수밖에 없고, 결국 수지타산을 못 맞추는 어업인은 어업을 포기할 수 밖에 없다는 것을 이 일본 사례는 잘 보여주고 있다. 더군다나 한·중·일 어업협정으로 우리 어장마저 축소되고 있는데, 해양수산 부에서는 새로운 어장 개척에는 관심도 없고 오히려 조업 해역을 더 규제하여 중국 어선들만 이롭게 하고 있다.

TAC만 하더라도 어획생산이 너무 많아지면 생선 가격이 떨어지는 것을 막는 시장 공급 조절 수단으로 충분히 활용할 수 있다. TAC가 어업인들이 수긍할 수 있는 효과를 보려면, 할당된 정해진 어획량에 들어가는 어업 비용은 최소로 줄일 수 있게 해주어야 하고, 어업 비용을 줄이려면 기존 규제는 모두 없애거나 완화시켜 주고, TAC만 적용을 해야 어업 경영도 개선이 될 수 있다는 것은 상식이다. 그런데 해양수산부는 미련하게도 기존 규제는 그대로 두고, 그 위에 TAC까지 적용을 하려고 하니 어업인들 반발을 자초할 뿐만 아니라 일본 따라 어업을 망하게 하려고 작정하고 있다. 해양수산부는 어업 경영 개선을 위해서 지금 수산정책과 규제들을 어떻게 혁파를 해야 할지 수산학자들뿐만 아니라 사회경제학자들, 그리고 어업인들까지 함께 머리를 맞대어 토론할 수 있는 자리를 마련해주기를 바란다.

선진국 흉내 내는 TAC

물고기에게는 국경이 없다. 우리가 즐겨 먹고 가장 많이 잡는 고등어, 오징어, 갈치, 멸치와 같은 어종들은 주로 중국 영해인 동중국해에서 산란을 하여 우리나라와 일본 바다로 갈라져 회유하면서 자라고, 황해는 물론 북한 동해 바다를 지나 북단 러시아 연안까지 가기도 한다. 따라서 이런 회유 어종들을 수산자원으로 잘 관리하려면 우리나라만 관리를 열심히 해서는 별 효과가 없고, 적어도 이웃 중국과 일본이 함께 참여하는 국제공조를 해야 한다. 그러나 동북아시아(그림 1)에서는 어획고와 수산물 소비는 세계에서 가장 높으면서도 여러 가지 이유로 국제수산관리기구를 결성하지 못했다.

동북아시아보다 나라 수도 많고 수산물을 둘러싼 어업권이나 영해 분쟁이 더 많았던 유럽에서는 이미 20세기 초에 국제해양개발위원회(International Council for the Exploration of the Sea: ICES)라고 하는 국제공동해양수산 연구기구가 만들어져 노르웨이를 비롯한 유럽 주요 수산 국가들은 물론 미국도 가입하여 지난 120년 동안 세계 해양수산 연구를 주도해오고 있다. 이 ICES에서 각 나라 해양수산 과학자들이 해온 연구결과를 토대로 내린 수산자원관리 권고안들은 유럽 집행위원회(European Commission: EC)를 통해서 초국가적인 강제력을 가지고 바로

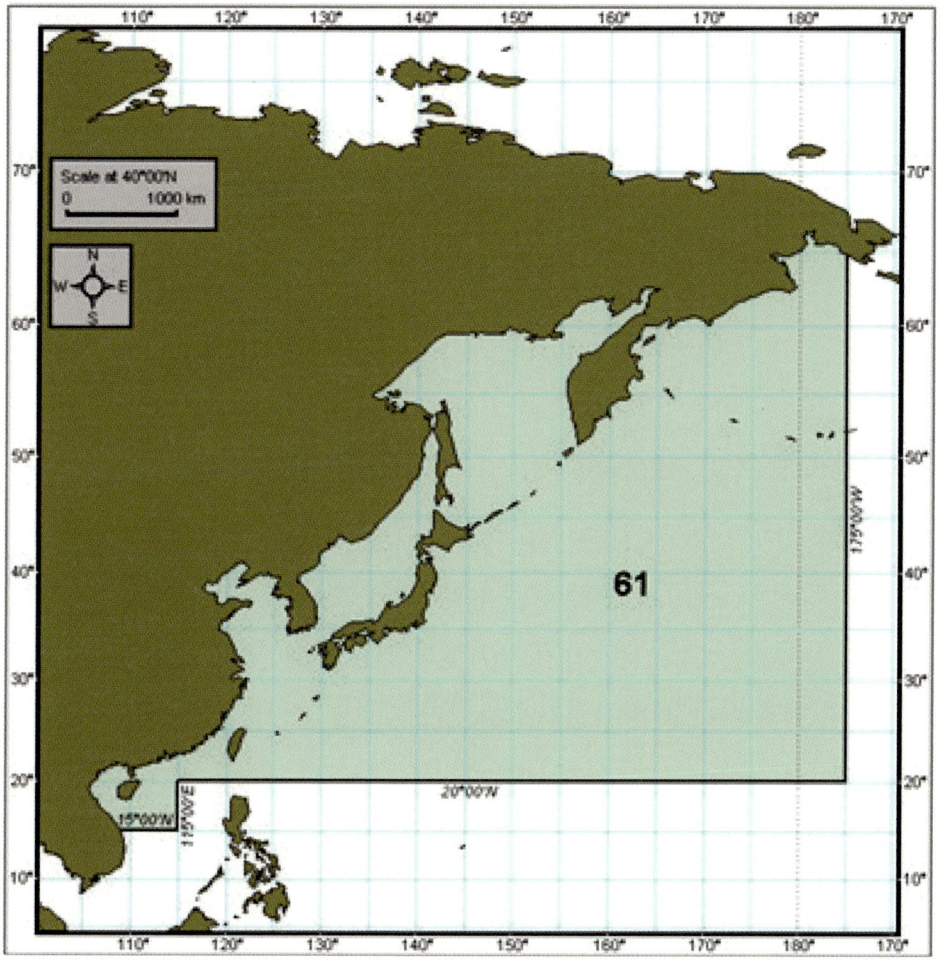

〈그림1〉 북서태평양 FAO 어획 해구 61

실행이 된다.

동북아시아에서 유럽 ICES와 비슷한 국제 공동 과학 연구기구로는 북태평양해양과학기구(North Pacific Marine Science Organization : PICES)가 1992년 결성되어, 북위 31° 이북 북태평양 해역 해양수산 국제공동연구와 교류를 해오고 있다. 회원국은 한국, 중국, 일본, 러시아, 캐나다, 미국 등 6개국이다. PICES와 ICES의 가장 큰 차이점은 ICES는 수산관리 정책 결정권이 있고 EC를 통해서 강력하게 실행된다. 반면에 PICES는 아직 순수학문 분야 교류와 교육에만 치중하고 있으며, 수산 관리 정책 결정에까지 관여하지는 않는다. 동북아시아 수산자원 관리는 현안에 따라 상대 국가와 1:1로 대응하는 수준에 머물러 있으며, 우리나라의 경우 한·중, 한·일 어업공동위원회가 따로 운영되며, 한·중·일을 포괄하는 수산관련 위원회도 없다.

회유 어종에 TAC 적용하려면…

회유하는 어종이 대부분을 차지하고 있는 우리나라에서 수산자원을 관리하려면 적어도 중국과 일본이 참여하지 않는다면 그 효과는 제한적이다. 우리나라 해양수산부가 1999년도부터 추진해오고 있으며, 수산혁신2030 계획에서 핵심이 되는 총허용어획량제(Total Allowable Catch : TAC)도 회유 어종에 대해서 일본과 중국이 함께 참여하지 않는다면 유명무실한 행정에 지나지 않는다.

해양수산부가 TAC 제도를 도입한 이래 그 대상 어종을 11개 어종으로 확대해오면서 국내외에서 선진국 수준의 수산자원관리를 한다는 평가를 받고 있다. 그러나 우리보다 먼저 TAC를 시작했고, 수산 선진국이라고 하는 일본은 아직도 TAC 대상 어종이 7개에 머물러 있다.

한·일 수산 연구자나 관련 공무원들과 이야기를 나누면서, 여러 나라 영해를 왔다 갔다 하고 산란력과 재생률이 높아 어업충격에도 잘 견디는 고등어와 같은 회유 소형부어류에게 과연 TAC가 효과가 있겠냐며 왜 시작하게 되었는지 그 이유를 알기 힘들다고 했더니, "한국은 일본을 따라하는 것이고, 일본은 미국을 따라하는 것"이라는 답이 나왔다. 사석에서 나눈 이야기라 곧이곧대로 믿기는 힘드나, 적어도 우리나라는 그냥 일본을 따라했던 것으로 보인다. 일본은 고등어를 TAC에 포함시킨 분명한 이유가 있었으나, 우리나라는 선진국 따라한다는 것 외에는 분명한 이유를 찾기 힘들기 때문이다.

고등어 TAC

〈그림 2〉는 세계식량기구(FAO) 어획해역 61번, 즉 한·중·일, 그리고 러시아가 주로 조업하는 동북아시아 인접 바다와 공해에서의 국가별 고등어 어획고이다. 지난 70년 동안 이 해역 고등어는 대부분 일본이 잡아왔으나, 1990년대 이후로는 중국도 일본만큼 어획해온 것을 알 수 있다. 1970년대 한 때 연간 160만 톤에 이르렀던 일본의 고등어 어획고는 1980년대 이후 절반 이하로 급감했다. 이렇게 줄어

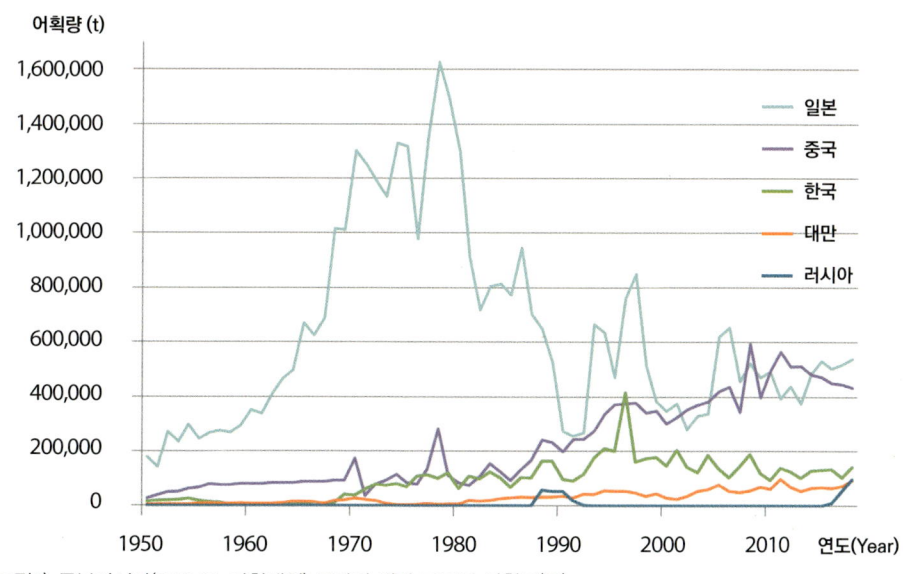

〈그림2〉 동북아시아(FAO 61 어획해역) 국가별 연간 고등어 어획고(톤)

든 것이 1980년대 최고 400만 톤 이상 잡혔던 일본 정어리 출현 때문인지, 아니면 남획 때문인지는 확실하지 않지만, 'UN해양법'이 시행되자 일본은 1996년 TAC를 시작하면서 고등어 어획노력량을 줄였다. 즉, 일본은 한 때 160만 톤에 달했던 고등어 연간 어획고가 그 절반도 안 되는 60만 톤 이하로 줄어든 것이 TAC를 실시한 분명한 이유였다.

여기서 유의해야할 것은 이렇게 일본 고등어 어획고가 줄어든 것은 일본 태평양 앞바다에서 일어난 일이었지, 우리나라가 고등어를 주로 잡는 대한해협에서 일어난 일은 아니었다는 점이다. 일본은 태평양쪽 연안에서 잡는 고등어를 태평양 계군이라고 하고, 반대편인 동해쪽 연안서 잡는 고등어를 쓰시마 계군이라고 한다.

태평양 계군과는 달리 쓰시마 계군 연간어획고는 1970년대 이후 연간 20만 톤 수준에서 안정적이었다. TAC를 시작한 1996년에는 오히려 최고치인 약 40만 톤이 잡혔고, 우리나라도 이 해에는 사상 최고치인 약 40만 톤이 잡혔다. 따라서 일본이나 우리나라에서 TAC를 실시한 1990년대 후반에 태평양 계군 어획고는 크게 줄었으나, 쓰시마 계군은 한일 합쳐서 사상최대인 80만 톤까지 잡을 정도로 잘 잡혀서 굳이 TAC를 실시할 이유가 없었다.

일본과 함께하는 TAC

일본과 한국은 1990년대 후반 고등어 TAC를 실시했으니 어획량은 고정될 수밖에 없었다. 2000년대 이후 일본은 60만 톤 이하, 한국은 20만 톤 이하 수준을 유지해오고 있다. 쓰시마 계군만 보면 최근에는 한·일 양국 합쳐서 약 30만 톤 이하에서 오르락내리락 하고 있으나, 태평양 계군에 비교하면 안정적이어서 남획이 일어났다고 보기는 힘들다.

문제는 중국이다. 중국은 TAC를 하지 않는데 1990년대 20만 톤 정도 잡았던 고등어를 최근에는 최고 약 60만 톤까지 잡고 있다. 1970년대 이후 이 같은 고등어를 두고 일본과 중국이 잡은 연간 어획고는 합쳐서 1979년에는 190만 톤를 기록했고, 2010년대 이후는 약 100만 톤에 이른다. 이 틈새로 우리나라는 최근 약 12만 톤 정도를 잡고 있는데, 중국과 일본이 잡고 있는 어획량의 약 12% 수준이다. 더 놀라운 것은 2017년 이후 러시아와 대만이 잡은 고등어 어획고 합계는 우리나라를 추월했다는 점이다〈그림 2〉.

이웃나라들은 고등어를 잡을 만큼 잡고 있는데, 전체 고등어 어획고에서 1/10 정도 차지하는 한국만 TAC도 하고 금어기도 설정하는 등 수산자원보호 모범생으로 열심히 활동하고 있는 셈이다. 고등어가 산란장에 모여든다면 금어기는 어획강도를 줄이는 효과가 있지만, 우리 영해에서는 부산 앞바다에서 극히 일부만 산란을 하는데도 굳이 금어기를 지정하고 있다. 그래도 고등어는 일본과 함께 TAC라도 해서 조금 낫지만 다른 어종들을 보면, 우리나라만 열심히 TAC를 하고 있거나 계획하고 있다.

〈그림 3〉은 어린 새끼인 풀치를 남획해서 국내 몇몇 수산연구기관에서 씨가 마른다고 평가했던 갈치의 국가별 연간어획고다. 2000년대 이후 이웃 중국은 약 100만 톤을 잡고 있는데, 우리나라는 그 6%인 약 6만 톤 정도에 그친다〈그림 3-a〉. 심지어는 우리나라 영해 안에서도 1991년 이후에는 중국 어선이 10만 톤 이상을 잡고 있으며, 2011년 이후에는 우리나라보다 갈치를 2배 이상 잡고 있는데도, 해양

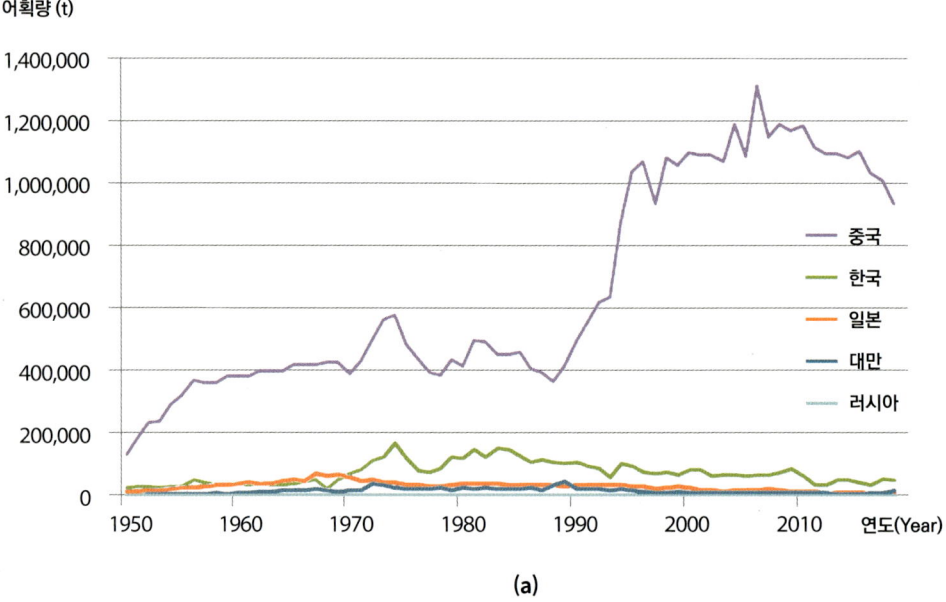

(a)

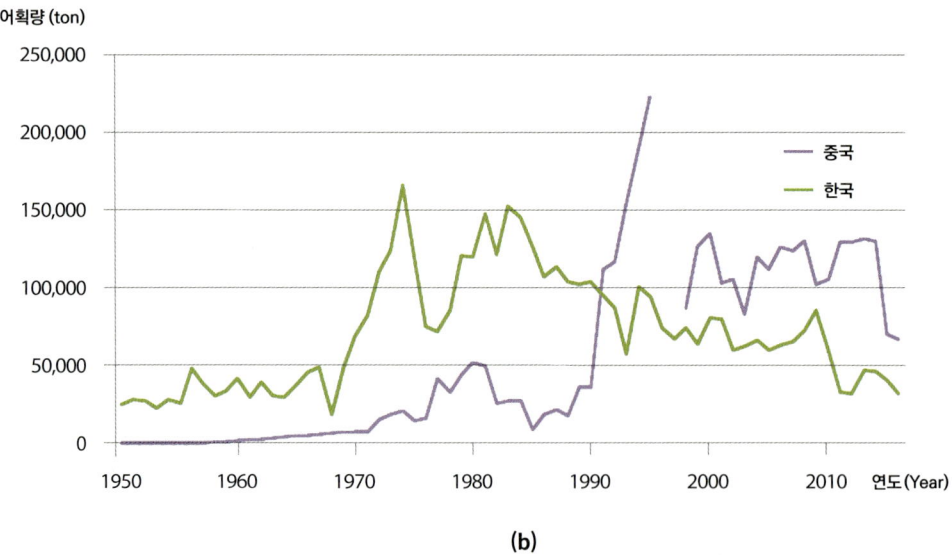

(b)

〈그림3〉 (a) 동북아시아(FAO 61 어획해역) 국가별 연간 갈치 어획고(톤), (b) 우리나라 배타적 경제수역에서 국가별 갈치 어획량(톤)

수산부에서는 감척사업과 금어기에 이어 곧 TAC도 할 것이라고 한다〈그림 3-b〉. 우리나라에서 갈치를 되도록 덜 잡아서 중국이 조금이라도 더 잡는데 도움을 주려고 하는 모양새다.

중국 어선이 잡는 갈치 양에 비교하면 조족지혈에 지나지 않는 풀치를 우리 어선이 잡아 씨가 마르고 있다고 자칭타칭 수산전문가들이 나무라지만, 그런 평가와는 정반대로 올해 우리나라에서 갈치는 고등어, 참조기와 함께 대풍이라는 뉴스가 계속 나오고 있다. 전문가라면 무엇이 잘못되었는지 한번쯤 되돌아봐야하지 않을까?

〈그림 4〉는 멸치 어획고다. 중국은 1990년대 이후 어획고가 꾸준히 늘어 2000년대 들어서 연간 약 100만 톤을 잡고 있다. 일본은 1950년대부터 약 30만 톤 정도

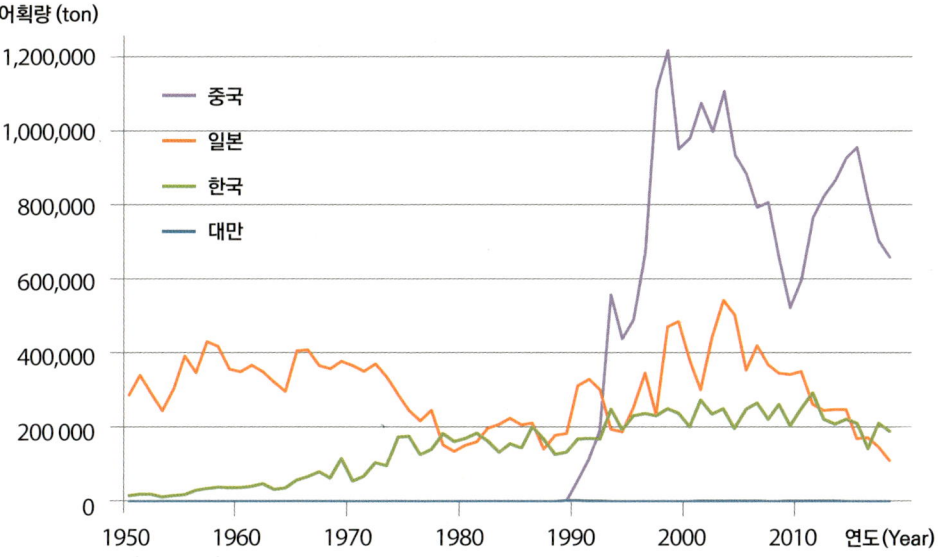

〈그림4〉 동북아시아 (FAO 61 어획해역) 국가별 연간 멸치 어획고(톤)

를 잡아왔으나 2010년 이후로는 20만 톤까지 떨어졌는데, 아마 기후변화와 같은 주기적인 환경변동 때문으로 보인다('그 많던 쥐치는 다 어디로 갔을까?' 편 참고). 우리나라는 1980년대 이후 큰 변동 없이 20만 톤 수준에서 잡고 있다. 최근 가입당 생산 모형으로 추정한 우리나라 남해 멸치 연간 적정 어획량은 130만 톤이어서 (이경환 외, 2017. 한국수산학회지), 멸치 어장과 어획노력량을 늘인다면 중국만큼 많이 잡을 수 있을 것으로 보인다. 하지만, 해양수산부에서는 멸치도 TAC에 포함시킬 것을 검토하고 있다고 한다.

회유 어종, 북·중·일과 공동 관리해야

〈그림 5〉는 살오징어의 국가별 어획고이다. 남쪽 대만은 한 때 5만 톤까지 잡았으

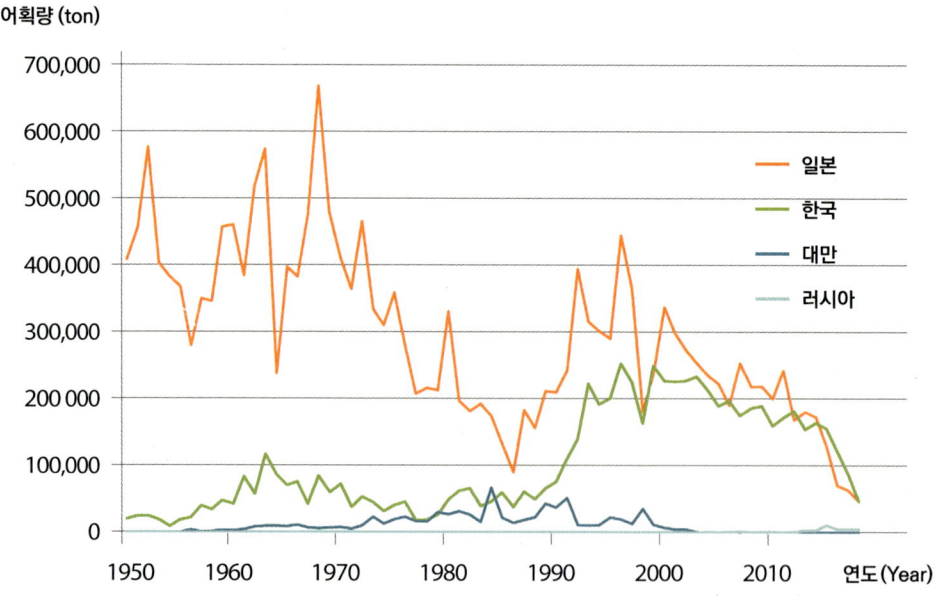

〈그림5〉 동북아시아(FAO 61 어획해역) 국가별 연간 살오징어 어획고(톤)

나 2000년대 중반 이후 거의 잡고 있지 못하다. 한 때 연간 60만 톤 이상을 기록했던 일본 살오징어 어획고는 꾸준히 감소하여 최근에는 10만 톤 이하를 기록하고 있다. 우리나라는 1990년대까지는 10만 톤 이하였으나 1990년대 이후 약 20만 톤까지 증가했다. 그러다 일본과 마찬가지로 최근에는 10만 톤 이하로 내려갔다.

반대로 오징어를 어획하지 않았던 동해 러시아 연안에서는 2016년 1,300톤에서 2018년 4,700톤으로 최근 오징어가 점점 많이 잡히고 있다고 한다. 즉, 오징어 어획고가 줄어든 순서를 보면 남쪽에서 북쪽으로 대만, 일본, 한국 순서인데, 북단 러시아에서는 최근 어획고가 증가하고, 북한 해역에서 중국 어선들과 목선 활동이 점점 많아지고 있는 것으로 보았을 때 동해 온난화에 따라 그 서식지가 점점 북쪽으로 올라가는 것으로 보인다. 즉, 우리나라 오징어 어획고 감소 주원인은 기후변화에 따른 서식지 북상 때문으로 보이는데(Jung et al. 2014. Reviews in Fish Biology and Fisheries), 여기에서 TAC는 아무런 대책이 되지 못한다. 설령 기후변화가 아닌 지나친 어업활동 때문에 어획고가 줄어든다고 하더라도 이는 북한 해역에서 조업하는 중국어선이나 북한 목선이 더 큰 원인으로 보이기 때문에 북한과 함께 공동수산관리를 하지 않는다면 TAC는 아무런 효과가 없다.

지금까지 살펴보았듯이 TAC를 하고 있거나 시행을 검토하고 있는 우리나라 주요 어업 대상 회유성 어종은 그 어획고 변동 요인이 기후변화와 같은 환경변동이거나, 설령 지나친 어획이 원인이더라도 ICES와 EC처럼 강제력을 가지고 이웃나라인 중국, 일본, 북한과 공동 관리를 하지 않는다면 별 효과가 없다. 따라서 지금 우리나라 TAC는 일본보다 대상 어종 숫자가 많다고 국제적으로 칭찬을 받을 수 있을지는 몰라도, 유명무실 생색내기에 지나지 않는 수산관리 방법이다.

독자적 수산자원관리 모델 필요

해양수산부에서는 TAC 제도를 새로 검토하여 기후변화 요인에 따라 어획고 변동이 큰 어종은 제외하거나 다른 관리 방법을 개발하여 어업인들이 불필요한 희생을 당하지 않도록 해야 한다. TAC는 국제 공조 없이도 효과를 볼 수 있는 정착성 어패류에 확대해보는 것이 지속 가능한 수산업을 이어가는데 도움이 될 것이다.

선진국 중에서 TAC를 하고 있는 나라들은 뉴질랜드나 미국처럼 자체적으로 해도 충분하거나 유럽처럼 강력한 국제수산관리기구가 있는 경우이다. 우리나라와 일본만 어정쩡하게 회유 어종을 대상으로 TAC를 하고 있다. 회유 어종을 대상으로 TAC를 꼭 해야겠다면 장기적으로 ICES와 EC와 같은 동북아시아 국제수산관리기구를 만드는 것부터 주도적으로 나서야할 것이다.

올해 세계를 휩쓴 코로나바이러스도 우리나라가 독자 대응 모델을 적용하지 않았다면 미국, 유럽처럼 됐을 것이다. TAC도 무작정 선진국을 따라할 것이 아니라 우리나라 실정에 맞는 독자적인 수산자원관리 모델을 생각해봐야 할 때이다.

중국만 이롭게 하는
대한민국 수산정책

전남 여수 바닷가에서 연안선망으로 평생 멸치를 잡아온 한 어업인은 전과 57범이라고 한다(《현대해양》 2018년 8월 '지난한 연안선망어업 분쟁' 기사 참고). 우리나라 어민들 중 전과범이 아닌 사람이 별로 없다는 말도 들려온다. 정부에서 수산자원 보호니 회복이니 하면서 50개에 이르는 수산관련 법령으로 규제한 결과가 이런 것이다.

이 정도 규제가 있었다면 그에 상응하는 성과가 있어야 할 것 아닌가? 하지만 성과는커녕 지난 40년 동안 우리나라 어획고는 오히려 줄어들고, 어업 경영은 점점 악화되어 가고 있다고 한다.

해양수산부는 지난 수산정책에서 무엇이 잘못되었는지에 대한 반성 없이 이제 와서 생산량이 이렇게 줄어든 것을 남획 등 어민 탓으로 돌리면서 TAC(총허용어획량)제도 등으로 어업규제를 더 확대해 지속적인 수산업이 가능하게 하겠다고 한다. 쉬운 말로 수산관계법령 위반자들을 더 만들겠다는 말이다. 해양수산부 공무원들에게 어업인은 섬기고 봉사해야할 대상이 아니라 잠재적 범죄 집단인 셈이다.

이런 현실에서 어민들은 생계를 유지하지 못해 어업을 그만두고 있고, 젊은 사람들은 아예 어업을 하려고 하지 않는다. 이렇게 어선수를 줄이고 TAC로 잡는 양을 규제를 해도 어획고가 계속 줄어들고 있다면 그 원인이 무엇인지 다시 생각해 봐야할 것이다. 그럼에도 남획을 했네, 어린 고기를 많이 잡았네 하면서 수십 년 전부터 했던 말을 반복하고 있다.

잘못된 전제에서 시작된 문제

꾸준히 설명했듯이, 선진국 보고서 몇 편 읽고는 막연히 우리나라 바다에서도 수산자원이라는 것이 남획으로 줄어들고 있으리라 여기는 잘못된 전제에서 모든 문제가 생긴 것이다. 우리 바다에서 수산자원량이 줄고 있다는 증거는 불확실한 노력량 자료로 단위노력당 어획량이 줄고 있으니 자원량 또한 줄어들었다고 하는 엉터리 통계 분석에 바탕한 보고서를 빼고는 없다('해양수산부 '대외비' 감척사업' 편 참고).

다시 말하지만, 바다에서 단위면적당 수산생물 생산량을 결정하는 것은 지구로 들어오는 태양빛을 화학결합 에너지로 탄수화물에 저장하는 광합성을 하는 식물플랑크톤 생산량이다. 들어온 태양빛의 양이나 인공위성 사진으로 추정한 우리나라 주변 바다 식물플랑크톤 생산량은 해마다 거의 변동이 없다. 따라서 수산자원량이라는 것은 지난 수십 년 동안 거의 일정했다고 봐야 한다('연근해 어업생산량은 왜 줄었을까?' 편 참고).

이것은 각종 국제기구나 연구기관에서 집계한 해역별 어획 통계에서도 확인할 수 있다. 〈그림 1〉은 지난 70년 동안 유엔 세계식량기구(FAO)에서 집계해온 북서태평양 국가별 연간 어획고이다.

지난 40년 동안 눈에 띄는 변화라면 북서태평양 전체 어획고에서 중국이 차지

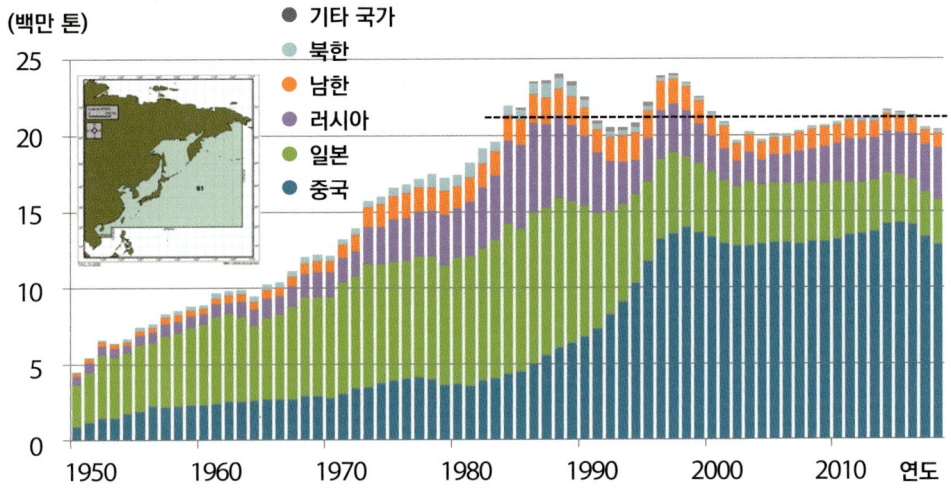

〈그림 1〉 북서태평양 국가별 연간 어획량 (출처: FAO)

하는 비율이 점점 늘고 있고, 상대적으로 일본이 차지하는 비율은 줄었다. 러시아도 소비에트가 무너진 1990년대 이후에는 잠시 어획고가 줄었으나 경제가 회복되면서 2000년대 이후로는 점차 늘고 있다. 우리나라는 전체 어획고에서 약 5% 정도만 잡고 있는데 이마저도 1990년대 이후에는 꾸준히 줄어들고 있다. 이는 연근해어업 구조조정(감척사업) 등으로 우리 어업을 규제한 결과이다. 수산자원량 감소가 남획에 따른 것이 아니라는 사실은 중국과 러시아의 어획고가 꾸준히 늘고 있는 것만 봐도 잘 알 수 있다.

북서태평양 전체 어획고는 1950년대부터 어업기술 발달과 보급으로 꾸준히 증가하였으며, 1980년대 이후 전체 어획고는 약 2,100만 톤 수준에서 거의 일정한 수준을 유지해오고 있다. 유럽 북해와 같은 바다에서는 식물플랑크톤 1차생산이 장기적으로 감소하면서, 또 TAC와 같은 국가별 어획할당제가 강화되면서 전체 어획고가 1990년대 이후 꾸준히 줄어들고 있는 것과 비교해볼 수 있다.

40년간 일정했던 수산자원량

북해와는 달리 북서태평양에서 수산자원량은 지난 40년 동안 거의 일정했다. 따라서 남획이 일어나고 있다고 보기 힘드나 지금의 어획기술로 잡을 수 있는 어획량은 거의 포화상태에 이르렀다는 것을 짐작할 수 있다.

〈그림2〉는 황해 국가별 연간 어획고를 나타내는데, 캐나다 브리티시 콜롬비아 대학 수산연구팀이 FAO 공식 어획고에서 누락된 부수어획이나 낚시로 잡는 어획량을 자체적인 조사연구 결과를 토대로 조정을 하여 추정한 세계 각국 실제 어획고를 'Sea Around Us'라고 하는 인터넷 사이트에서 공개한 자료이다.

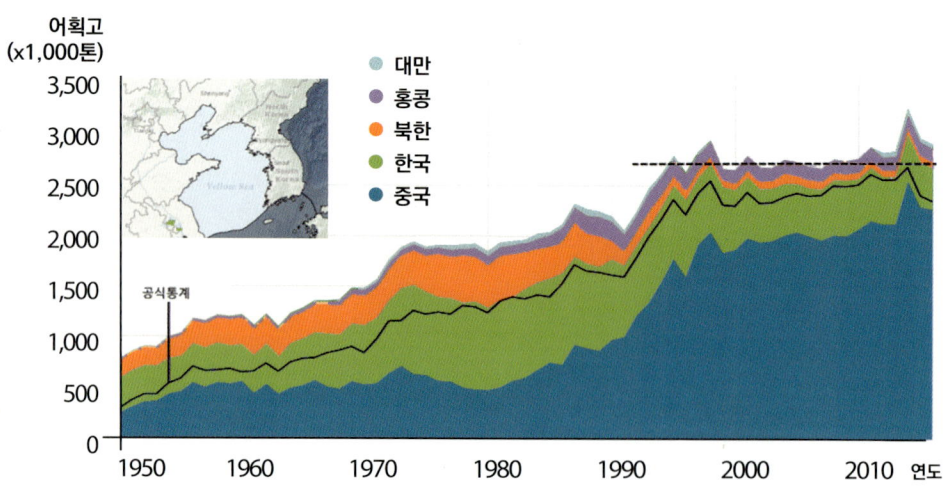

〈그림 2〉 황해 국가별 어획량(1950~2016). 2016년: 중국 200만 톤, 남한 40만 톤, 홍콩 13만 톤
(출처: seaaroundus.org)

이 추정치에 따르면 대체로 황해에서 중국 어선이 우리보다 2배 이상 많이 잡아온 것으로 보인다. 그런데, 우리나라 수산업이 가장 활발했던 1970년대에는 우리나라가 오히려 중국보다 어획을 많이 한 것으로 보인다. 그러다가 1980년부터 2016년까지 황해에서 중국 어획고는 약 50만 톤에서 200만 톤으로 4배가량 늘었으나 반대로 우리나라 어획고는 약 80만 톤에서 40만 톤으로 반토막이 났다.

그런데 북한을 포함한 황해 전체 어획고를 보면 1990년대 말 이후로는 약 270만 톤 수준에서 거의 일정한 것을 볼 수 있다. 즉 북서태평양과 마찬가지로 황해에서만 보더라도 적어도 지난 25년 동안 어획고는 일정했기 때문에 수산자원량이 줄었다고 보기는 힘들다. 즉, 남획이 일어났다는 증거는 없다.

이렇게 일정한 수산자원량을 두고도 지난 25년 동안 중국은 황해에서 매년 200만 톤을 잡아가고 있는데, 우리나라는 온갖 어업 규제로 어획노력량 자체가 계속 줄어 최근 2016에는 40만 톤, 즉 중국이 잡는 양의 20% 밖에 잡지 못하고 있다. 황해 조업 면적을 따졌을 때 중국이 50%을 잡는다면 북한과 한국은 각각 25%씩 잡아야 할 텐데, 우리나라는 중국보다 60% 적게 잡고 있다는 말이다.

우리나라에서 온갖 규제로 우리 어민들이 적게 잡은 고기는 중국이 다 가져가는 꼴이다. 황해에서 주로 잡히는 멸치, 고등어, 갈치, 조기, 대구, 민어에게는 국경이 없다. 중국 어획고와 비교했을 때 우리 어선은 황해에서 약 100만 톤의 어획고를 올려야 한다.

이런 문제는 황해뿐만 아니라 우리 동·서·남해 모든 바다에서 일어나고 있다. 더 심각한 것은 최근 우리나라 배타적 경제수역 안에서 조차 우리 어선보다 중국 어선이 고기를 더 많이 잡고 있는 것으로 보인다는 점이다.

감소한 한국 어획량, 증가한 중국 어획량

〈그림 3〉은 'Sea Around Us'에서 추정한 우리 바다에서의 국가별 연간어획고인데, 1950년부터 1980년대까지 어업기술 발달과 보급으로 꾸준히 늘어 약 80만 톤에서 250만 톤으로 3배가량 늘어났다가 그 이후로는 비교적 일정한 수준을 유지하고 있다. 북서태평양, 황해와 마찬가지로 우리 바다에서도 지난 30년 동안 수산자원량이라는 것은 거의 일정했음을 확인할 수 있다. 따라서 우리 어선들이 조업하는 해역 범위를 어떻게 잡더라도 단위면적당 수산자원량이 줄었거나 남획이 일어나고 있다는 증거는 없다.

그럼에도 우리나라의 어획고는 꾸준히 줄고 있다. 반면 중국 어선에 의한 어획고는 반대로 늘어나고 있음을 볼 수 있다. 1990년대 이후 우리나라의 감척사업이니 TAC니 하는 규제 때문이라고 본다. 'Sea Around Us' 추정치에 따르면 2016년부터 중국이 우리 바다에서 우리보다 고기를 더 많이 잡기 시작했다.

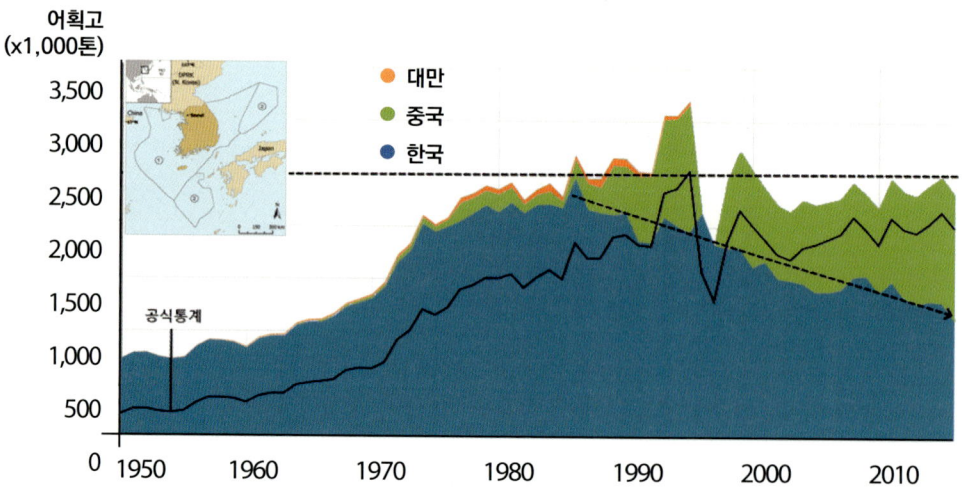

〈그림 3〉 우리나라 배타적 경제수역에서 국가별 연간 어획고 (1950~2016). 1996~1997년은 중국 자료 누락
(출처: seaaroundus.org)

수산자원을 회복한다고 지난 수십 년 동안 매년 수천억 원대 예산을 들여 우리 바다에 인공어초를 설치하고, 바다숲을 조성하고, 대구, 명태를 비롯한 종자를 방류해왔지만 우리 바다에서 수산자원량이라는 것은 늘지도 않았고 그렇다고 줄지도 않았다는 것을 해역별 국가별 어획고를 통해 확인할 수 있다('수산자원조성사업, '실패' 인정해주어야' 편 참고).

이렇게 인공어초와 바다숲에 들어가는 수천억 예산을 차라리 어업인들 안전 조업과 복지에 투자하면 얼마나 좋을까마는 해양수산부에서 보는 우리 어민들은 생업을 위해서라면 법도 어기는 잠재적 범죄자에 지나지 않는 모양이다.

중국이 가져가는 어업 주권

조선왕조실록을 보면 어민이 잡은 생선을 세금으로 내는 경우가 많았다. 특히 말린 대구는 중국 왕실에 바치는 귀한 공물이었는데, 기후변화 등으로 대구가 갑자기 안 잡히면 생계는 물론 할당량도 채울 수 없는 어민들이 상소문을 올려 대구 공물량을 줄여달라고 호소하는 기록들이 곳곳에 보인다.

21세기 대한민국 해양수산부는 조선시대처럼 중국에 생선을 바치는 것처럼 보인다. 물론 절대 그런 의도는 아니겠지만, 결과론적으로 보면 그렇다는 말이다.

수산자원 보호니 회복이니 하는 관념적인 선의가 현실에서는 그 의도와는 반대로 조선시대처럼 중국에 조공하려고 우리 어민들을 괴롭히는 모습으로 구현되고 있다. 우리 어민들이 온갖 규제로 생계를 유지하기 힘들어 어업을 포기하는 동안 우리 어업주권을 중국에게 소리 없이 야금야금 빼앗기고 있는 것이 해양수산부의 각종 수산정책이 지금까지 실현해놓은 결과이다.

우리나라 거짓 수산학의 뿌리

우리나라 수산 관련 언론보도를 보면 엉터리 기사가 많다. 가령, 2018년 3월에 '어린 고기인 풀치를 많이 잡아서 갈치 씨가 마른다'고 보도한 뒤 그 해 9월에 '30년 만에 대풍이 들었다'고 보도를 했다. 그 해 추석 무렵에는 똑같은 참조기를 두고 한쪽 기사에서는 '씨가 마르고 있다'고 하다가, 일주일쯤 지나 다른 기사에서는 '대풍'이라고 보도를 했다. 이듬해 3월에는 '목포수협에서 조기와 갈치가 최고 위판고를 기록했다'고 보도했다. 오징어의 경우 잘 안 잡히면 북한 해역에서 불법 조업하는 중국어선 때문이라고 대대적으로 보도하고, 그러다가 잘 잡히면 수온 상승 때문이라고 조용히 보도를 한다.

이렇게 상반되는 기사가 불과 몇 달 사이를 두고 나오지만 정정 보도를 본 적이 없다. 기자들이 상상으로 소설을 썼을 리는 없을 거고, 분명히 수산 관련기관이나 연구소에 문의를 해서 들은 것을 적었을 것이다.

이렇게 사람들이 시시각각 변하지만 감성적으로 또는 정치적으로 받아들이기 쉬운 요인들을 수산생물 어종 풍흉 원인으로 대충 지목하면 담당 공무원도, 언론사 기자들도 서로 편하기 때문이다. 여기서 과학적 근거니, 관련 연구 따위는 별로 필요하지도 않다. 이렇게 수십 년을 똑같은 패턴으로 엉터리 기사가 반복되고 있다.

거짓이 통하는 수산 분야

옛 수산청이나 지금 해양수산부에서 지난 수십 년 동안 해온 수산 관련 대형 사업들도 내가 보기에는 다 구호만 요란한 세금 낭비에 지나지 않는다. 그런데도 담당 공무원들을 보면 뭔가 잘 알고 있다고 믿고 있고 사명감도 있는 것 같다('수산자원조성사업, '실패' 인정해주어야' 편 참고).

난 지금까지 우리나라에서 제대로 된 수산정책을 거의 본 적이 없지만 그 정책을 만들었다고 정부에서 주는 상을 받는 것은 자주 보아왔다. 요즘에는 수산생물을 가지고 이리저리 장난을 치다가 그럴듯하게 포장을 하여 정무직으로 승진도 하고, 퇴직하고 나서는 정치권에 기웃거리는 생계형 공무원도 생기고 있다. 거짓이 통하는 곳이 수산 분야이다.

수산 분야에 이렇게 만연한 거짓의 궁극적인 원인이 무엇인가 생각을 해본다. 거슬러 올라가다보니 해방 직후 현 국립수산과학원의 전신인 수산시험장 초대원장으로 부임한 정문기(1894~1995) 씨에게서 눈이 멈춘다.

형질 차이를 인식하고 기록한 정약전

19세기 초까지만 해도 자산어보(玆山魚譜)에서 볼 수 있듯이 우리나라에는 자체적인 자연사(自然史, natural history) 연구 역량이 있었다. 내가 미국 유학중일 때 교수 한 분이 정약전이 1814년에 펴낸 자산어보에 청어 척추수가 동해와 황해(서해) 사이에 차이가 난다고 기록한 것을 어디서 듣고는 출처를 정확히 알려달라고 해서 관련 내용을 번역해주고 인용도 해주었는데, 흔히 수산학에서 계군(系群, Stock)이라고 하는 집단 사이 형질 차이 개념을 재정립한 해당 논문은 1999년에 출판되었다.

　이런 해역에 따른 형질 차이를 처음 인식하고 기록한 정약전은 서양에서 청어를 대상으로 이 차이들을 최초로 밝힌 과학자 하잉커(Heincke) 보다 약 100년 앞섰다고 한다. 따라서 세계 최초로 수산생물 계군 차이를 기록한 것이 자산어보이다. 그러나 안타깝게도 이렇게 시대를 앞서갔던 수산 분야 자연사 업적도 조선시대 다른 과학 분야와 마찬가지로 후대에 계승되지 못했고, 더구나 일제강점기를 거치면서 모두 맥이 끊겼다.

　해방 직후 대학을 졸업한 사람을 찾기 힘든 시절, 일본 도쿄대학 수산학부를 졸업하고 조선총독부 산하 수산시험장에서 직원으로 일한 정문기 씨와 같은 인재는 불모지에서 시작하는 우리나라 수산분야를 이끌고 갈 적임자였음에는 논란의 여지가 없다. 그러나 정문기 씨가 계승한 것은 정약전이 아니라, 어릴 때부터 물고기 관찰과 연구에 몰두했고, 일제강점기 중앙수산시험장 상사이자 도쿄대학 스승이었던 일본 자연사학자 우치다 게이타로(內田惠太郎, 1896~1982)였다. 그것마저도 거짓이 잔뜩 들어간 계승이었다.

　우치다 게이타로는 1927~1942년 지금의 부산 영도에 있었던 중앙수산시험장에서 기사로 근무하면서 수산생물들을 언제 어디서 어떻게 채집했는지를 1964년 '치어를 찾아

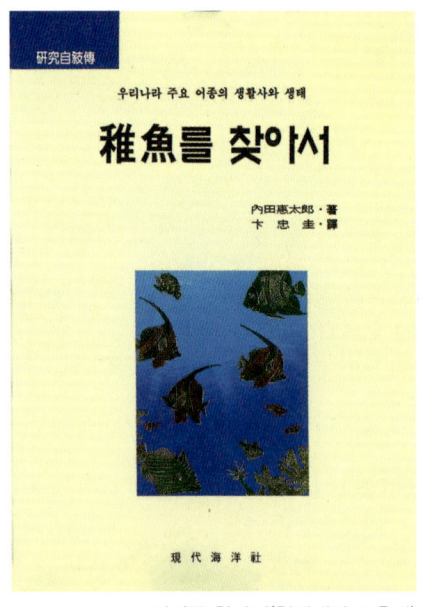

치어를 찾아서(현대해양사 출간)

서'라는 자서전 형식의 단행본에서 생생한 현장 묘사와 함께 느꼈던 주관적인 감상까지 구체적으로 남겼는데, 30년 뒤 1994년 제주대학교 변충규 교수가 한글로 번역하여 현대해양사(現代海洋社)에서 출판했다. 또 우치다는 자신의 연구성과를 수산시험장 간행물을 통해서 적어도 1933년부터 출간을 했으며, 1939년에는 담수어류를 다룬 '조선어류지'를 발간하기에 이른다.

정문기와 최기철

정문기 씨는 평생 물고기 박사라는 호칭을 들으면서 흔히 우리나라 수산학의 효시라고 했다. 최종학력이 대졸이기 때문에 논문 쓰기는 힘들 것이라고 보지만, 그럼에도 그가 어느 바닷가에 가서 무슨 조사를 하고 연구를 했다는 흔적은 찾을 수가 없다. 정문기 씨는 1962년 당시 부산대에서 명예박사학위를 받았다. 이와는 대조적으로 정문기 씨와 비슷한 시기에 활동했던 담수 어류학자 최기철(1910~2002) 씨는 1948년 서울대 교수가 됐지만 50대 후반인 1966년에는 박사

정문기·우치다 게이타로·최기철(사진 왼쪽부터)

학위를 받고 1968년부터 만학도로 우리나라 방방곡곡 민물고기를 직접 조사 연구하여 수많은 논문과 저서를 남겼다.

정문기 씨 본인은 1930년부터 우리나라 어류를 방대하게 채집했다고 1966년 신동아 3월호에서 주장했지만 받아들이기 힘들다. 그가 펴낸 책은 고문서 번역서이거나 기존 자료를 취합한 것밖에 없다. 같은 신동아 기고문에서 우치다가 은어 생활사 연구에 10년 세월을 허송한 적이 있었는데 '여지승람', '전어지', '명물기략'과 같은 우리 고문헌에서 이미 은어에 관해서 밝힌 기록이 있다는 것을 듣고 탄식하였다고 한 것으로 보아, 정문기 씨는 자연과학자라기보다는 한문을 잘 읽는 한학자에 가깝다. 사농공상 차별 문화가 아직도 만연한 이 땅에 일제강점기에 이 한학자가 우치다처럼 바닷가나 배에서 작업복을 입고 거칠고 힘든 일을 했다고 상상하기도 힘들다.

우치다(1964) '치어를 찾아서' 복어편   정문기(1974) 어류박물지. 복어편

표절의 역사

우리나라 수산학 대부라며 '한국민족문화대백과사전'에도 실린 정문기 씨의 업적이라는 것은 우치다가 조사하고 연구한 자료들을 취합하여 표절한 것에 지나지 않는다. 물론 1977년 펴낸 '한국어도보'에서는 우치다가 남긴 자료를 활용했다고 인정하고 있지만, 이기복 씨가 쓴 논문 '일제강점기 內田惠太郎의 朝鮮 産魚類調査와 '바다식민'의 잔재' (역사민속학회 제19호, 2004.12, 165-217)에서는 우치다가 쓴 '치어를 찾아서'에 나오는 쏘가리에 관한 수필을 정문기 씨가 그 글쓴이를 자신으로 둔갑시켜 신동아에 기고하는 희대의 도용을 어떻게 했는지 구체적으로 밝히고 있다. 또 일본 저널리스트 다케쿠니 도모야스가 2014년 펴낸 '한일 피시로드, 흥남에서 교토까지'(오근영 번역)에서도 이 표절과 도용 문제를 다시 다루고 있다.

모방과 표절은 엄연히 다르다. 악기 연주나 그림 그리기를 처음 배울 때 남들이 해놓은 것을 열심히 모방하여 연습하다보면 실력이 점점 쌓이고 그러다가 어느새 독창력이 생기면서 새로운 것을 창조할 수 있는 경지에 이른다. 무엇을 배우는 데는 누구나 이런 모방 과정을 거치는 것이기 때문에 윤리적으로 문제될 것이 없다. 반면 표절은 자기가 하지도 않은 것을 자기가 했다고 속이는 것이고, 결국은 남들이 자기를 과대평가하게 만드는 속임수이다. 남이 쓴 글을 자기가 쓴 것이라고 속이는 행위는 세상이 아무리 혼탁한 시절이라도 동서고금을 막론하고 변명의 여지가 없는 '사기'이다. 왜 이렇게 쏘가리 이야기를 가지고 군이 도용을 할 생각을 했는지 그 이유는 짐작하기 무척 힘들다.

단절된 자연사 연구

나는 부산수산대학 석사 시절에 '한국어도보'(정문기, 1977)라는 두꺼운 책을 보고 '우리나라에도 이렇게 어류 자연사를 평생 연구한 학자가 있었나'하고 놀랐고, '왜 이걸 진작 몰랐을까' 궁금해 했다. 또 국립수산과학원에서 5년에 한번 정도 발행했던 '생태와 어장'이라는 간행물을 보면 우리나라 주요 수산 어종에 대해서 회유 경로나 기초 생태에 대해서 그림까지 곁들여서 잘 요약을 하고 있지만 그 자료 출처가 되는 참고 문헌 표시가 하나도 없어서 도대체 누가 이런 조사를 했는지 궁금했다.

'한국어도보'나 '생태와 어장'을 보면 우리나라 주요 수산생물종에 대해서 제법 연구가 축적되어 있는 것으로 보인다. 그러나 조금 깊이 들어가서 보면 아무 것도 해놓은 게 없어 무슨 신기루를 본 듯한 느낌이 든다. 이것이 표절의 폐해다. 실상은 일제강점기에 우치다라는 일본 수산학자가 조사해놓은 것이 대부분이고, 해방 이후에는 그것을 계승해서 조사한 것이 거의 없는데, 공무원이나 일반인들은 우치다가 남긴 자료를 취합한 이런 책들을 보면 일제강점기부터 지금까지 수산생물에 대한 기초 연구가 체계적으로 잘 되어온 것으로 착각을 하게 된다. 그 연구는 우리가 한 것이 아니라 일본인이 했던 것이라고 진작 밝혔다면 이런 문제는 일어나지 않았을 것이다.

지금 이런 수산생물 기초 분야에 지원을 해달라고 정부에 요구를 하면, 정부에서는 연구 잘 되어 있는데 또 무슨 연구가 더 필요하냐고 반문하게 된다. 가장 기초적인 수산생물 분류나 자연사 연구에는 예산지원이 되지 않고, 대신 여기서 한 걸음 더 나아간 수산자원평가나 수치모델 개발을 하겠다고 하면 이것은 새로운 분야니 정부에서도 지원을 해주게 되는 것이다. 이러다보니 우리나라 수산학이라는 것은 '자연사 연구'가 빠진 사상누각이 되어버렸다. 유럽이나 미국, 일본 모두 100년 이상 탄탄한 자연사 연구라는 기초를 토대로 하여 수산학이 발전하고 있는데, 우리나라는 기초도 없이 껍데기만 굴러가고 있는 형상이다.

고등어 산란장도 모르는데…

우리나라 담수어류는 최기철 씨와 같은 열정적인 학자가 있어서 그 분류와 자연사 연구가 전국을 대상으로 어느 정도 망라되어 있지만, 바다 어류 자연사나 생태 연구는 우치다 이후로 거의 단절되었다. 가령, 몇 년 전에 우리나라 고등어 어장을 예측하는 수치모델 개발 연구과제를 내가 맡았을 때 가장 중요한 것은 모델 초기 조건인 고등어 산란장을 아는 것이었다. 우리나라 고등어 산란장이 어디냐고 물어보니 자료는 제대로 없고 대충 제주도 주변 해역이라고 한다. 지난 30년 동안 간헐적으로 이루어진 해양 난자치어 조사 결과를 취합해보니 우리나라 영해 안에서 고등어 알이 채집된 적이 한 번도 없었다. 예외적으로 서해 태안 앞바다 바닷모래 채취장에서 유전자를 이용하여 고등어 알을 동정(同定)했다는 연구보고서가 있었는데, 이것도 믿기가 어려웠다. 제주도 근처에서 고등어 알은 채집된 적 없지만 유생이 간혹 채집된 적이 있어서 이걸 보고 산란장으로 여긴 듯하다. 할 수 없이 일본 연구자들이 펴낸 논문들을 찾아보고, 또 해수순환모델을 돌려보니 우리나라에서 잡히는 고등어 주요 산란장은 대만과 제주도 사이 동중국해임을 짐작하게 되었다.

제주도 근처에서 잡힌 고등어 유생은 동중국해에서 산란하여 쿠로시오 해류를 타고 떠내려 온 것이다. 국민생선이라고 하는 고등어 산란장도 제대로 모르는데,

다른 어종들은 오죽하겠는가? 산란장이 어디인지도 제대로 알지도 못하면서 고등어를 자원평가하여 TAC를 실시하고 금어기도 정하고 또 어장 예측 모델을 개발하고 있는 것이 지금 우리나라 수산학 현실이다.

사람들은 우리나라 수산학자들이나 관련 연구자들이 수산생물에 대해서 다들 잘 안다고 착각하지만 그 실상을 한 꺼풀만 벗겨보면 모두 모방과 표절, 그리고 포장하는 잔기술 밖에는 없다. 나는 그 뿌리가 표절과 도용을 한 정문기 씨에서 비롯된 것이라고 본다. 반면, 해방 직후 농업을 이끌었던 우장춘, 담수 어류를 이끌었던 최기철 씨는 구체적인 논문과 연구성과가 있고 표절과는 거리가 먼 사람들이었다. 우리나라에서 식민지 영향을 벗어날 수 있는 학문 분야가 어디에 있겠냐마는 수산 분야는 표절과 도용까지 곁들여서 지난 70여 년을 거의 허송세월로 보냈고, 지금은 자체 발전 역량이 거의 없어 사양 학문, 사양 산업으로 나날이 추락해가고 있다.

'바다생물 자연사' 기초연구에 투자해야

경제적으로 한국이 발전하다보니 몇 년 전부터 국립수산과학원에서 수산전용 조사선을 몇 척 투입하여 우리나라 바다 수산생물을 대대적으로 조사하고 있다. 이 조사 결과를 토대로 우리나라에서도 수산학이라는 것이 제대로 발전할 수 있기를 바라지만 현실은 가르칠 사람도 배울 학생도 제대로 없다. 수산 관련 언론보도 단골 표현을 빌리면 씨가 말랐기 때문이다.

이런 국내 현실에도 해양수산부에서 세계수산대학을 유치한다고 하니 정문기 씨가 남긴 거짓의 폐해가 지금도 여전하다는 생각을 떨칠 수가 없다. 개발도상국에서 온 공무원들을 비롯한 외국학생들에게 투자할 몇 백억 원 예산 중 1/10이라도 국내 수산분야 자연사나 어류학 분야 교육에 투자한다면 정문기 씨가 남긴 신기루는 어느 정도 걷힐 수 있을 것이라고 본다. 지금 남 도와줄 처지가 아니다.

지금 우리나라 수산분야에 가장 필요한 인재는 우치다 게이타로와 같은 물고기 연구에 정열을 가진 젊은 학도이다. 우리나라 수산에서 쏙 빠진 바다생물 자연사 분야 기초 연구와 교육에 조금이라도 투자하는 것이 해양수산부가 매년 천억 원대 예산을 탕진한 수산자원조성사업의 실패를 조금이라도 만회할 수 있는 길이라고 본다. 바다생물 자연사 교육과 기초연구에 투자하는 것이 장기적으로 왜곡된 우리나라 수산업을 바로잡아 살리는 첫 걸음이다.

맺음말

왜 수산해양부인가!

선진국일수록 어업을 소중히 여긴다. 2020년 12월 유럽 포스트 브렉시트 협상에서 영국이 마지막까지 양보하지 않은 것이 국민총생산에서 0.1% 정도 차지하는 어업권이었다. 협상 결과는 영국이 '0.1% 어업 얻고 7% 금융 빈손'이었다. 어업권을 경제논리가 아닌 역사와 문화, 국가 자존심 문제로 본 결과였다.

지난해 9월에도 영국이 프랑스에 47척 중 12척만 연안어업 면허권을 발행해서 프랑스 정부가 '전쟁'이라는 말까지 쓰면서 펄쩍펄쩍 뛰고 있다. 2000년대에 시작된 이 '가리비 전쟁'은 프랑스가 보복으로 영국 채널 제도에 전기공급을 끊겠다고 협박하면서 점입가경이었다.

이처럼 유럽에서는 국가 자존심을 걸고 어업권 확보에 총력전을 펼치고 있는데, 우리나라는 세계 주요국 중 생선을 가장 많이 먹고 어업인 수도 영국이나 프랑스보다 10배 이상 많으면서도 수산은 뒷전이고 해양에도 밀린다. 아직도 어민들을 조선시대 천민이나 파렴치범 취급하고 있다. 지금 우리 영해에서 중국이 우리 어선보다 고기를 더 많이 잡고 있는 것으로 보이는데도 정부가 팔짱 놓고 구경만 한 지 20년이 넘어간다.

세계에서 수산과 해양을 같이 아우르는 정부 부처를 가진 나라는 몇 안 된다. 중국과 일본은 수산과 해양을 담당하는 정부 부처가 다르다. 중국을 보면 수산을 담당하는 어업어정관리국은 농업농촌부, 해양을 담당하는 국가해양국은 천연자원부 소속이다. 일본도 마찬가지로 수산은 농림수산성, 해양항만은 국토교통성, 해양연구는 문부과학성 소관이다. 우리나라도 해양수산부가 생기기 전이나 중간 이명박 정권 때는 수산과 해양이 분리되어 수산은 농림부에서, 해양과 항만은 국토부, 해양연구는 과학기술부가 담당했다. 이 때문에 한·중·일은 수산과 해양이 서로 통합되어 관리되지 못하고 있는 실정이다. 현재 우리나라 해양수산부도 한 지붕 아래 해양과 수산이라는 두 가족이 따로 지내고 있다.

동아시아와는 달리 유럽이나 북미에서는 전통적으로 수산과 해양이 통합되어 관리되고 있다. 더 중요한 것은 이런 서구 국가에서는 해양은 수산을 뒷받침하는 분야로 여기기에 해양보다 수산이 먼저 온다는 사실이다. 인구가 우리보다 적고 어업인 숫자도 적은 캐나다에도 해양수산부에 해당하는 정부 부처가 있는데 그 명칭은 '해양수산부'가 아니라 '수산해양부'다. 미국도 수산과 해양 연구는 상무성 소속 국립해양대기국(NOAA)이 기상과 함께 통합 관리하고 있다. NOAA는 물론 미국 국립과학재단에서도 과학자들이 해양 분야 연구과제를 제안할 때 수산과 연관성을 밝히지 않으면 아예 연구비를 주지 않는다.

수산학이라는 학문이 처음으로 생긴 북해를 둘러싸고 있는 북유럽에서는 수산 연구를 위해 이미 20세기 초에 국제해양개발위원회(ICES)라고 하는 국제공동 연구기구를 결성해 수산생물 어획고가 해마다 크게 변동하는 원인을 밝히고자 했으며, 이를 위해 해양환경 연구도 포함시켰다. 지금도 이 ICES를 중심으로 유럽 각 나라 과학자들이 해온 수산과 해양환경 연구 결과를 토대로 내린 수산자원관리 권고안들은 유럽 집행위원회(EC)를 통해서 초국가적인 강제력을 가지고 바로 실행이 되고 있다.

최근 기후변화 등으로 해양환경과 생태계를 고려하지 않은 수산 연구와 관리는 더 이상 설 자리가 없어져 가고 있다. 해양과 수산을 통합하는 것이 세계적 추세이다. 수산학은 더 이상 고립되고 고리타분한 옛 학문이 아니라 해양과 기상에 인공위성과 정보통신, 생명기술, 인공지능 등 첨단기술을 망라하는 최첨단 종합 학문이다. 우리나라는 다행히 일본이나 중국과는 달리 해양수산부라는 통합된 정부 부처를 1995년에 이미 결성하여 적어도 겉으로는 유럽이나 북미 수준이다.

그러나 거제 멸치잡이 아들이었던 김영삼 대통령이 왜 북미나 유럽처럼 '수산해양부'가 아닌 '해양수산부'로 굳이 이름을 정해 지금까지도 사람들이 해양은 뭔가 멋있는 분야이지만, 수산은 고리타분하고 시대에 뒤떨어진 분야라는 고정관념이 지금까지 대한민국에 만연하게 했는지 알기 어렵다. 지금 우리나라 수도권에서 해양 관련 학과가 있는 대학은 있어도 수산을 다루는 대학은 없다. 서울대에 수산 관련 학과는 없지만 일본 도쿄대에는 있다.

어업인들이 고기를 많이 잡아 잘 살고 어촌에 젊은이들이 다시 돌아오게 하려면 먼저 조선시대 사농공상 망령에서 벗어나야 한다. 일제강점기에 비롯된 수산법과 어업규제로 어업인 위에 군림하면서도, 막상 어업인과 수산을 해양 뒷전으로 놓는 이런 관행부터 바꾸어야 한다. 해양수산부가 존속하려면 그 이름부터 '수산해양부'로 바꾸어 어민을 섬기는 정부 부처로 환골탈태해야 한다. 그래야 수산도 살고 해양도 산다. 사람이 먼저다.

정석근 교수의 되짚어보는 수산학

지은이	정석근
초판1쇄	2022. 08. 10
초판3쇄	2024. 12. 18
발행인	송영택
편　　집	박종면
교　　정	현대해양 편집국
디 자 인	김주연
발 행 처	㈜베토·현대해양 서울 종로구 창경궁로 240-7, 4층 Tel. 02)2269-6114, Fax. 02)2269-6006 e-mail. hdhy@hdhy.co.kr